23년 출간 교재 24년 출[illegible] [illegible] 출간 교재

영역	과목	교재	예비 초등	1-2학년	3-4학년	5-6학년	예비중등
쓰기력	국어	한글 바로 쓰기	P1 P2 P3 P1~3_활동 모음집				
	국어	맞춤법 바로 쓰기		1A 1B 2A 2B			
어휘력	전 과목	어휘		1A 1B 2A 2B	3A 3B 4A 4B	5A 5B 6A 6B	
	전 과목	한자 어휘		1A 1B 2A 2B	3A 3B 4A 4B	5A 5B 6A 6B	
	영어	파닉스		1 2			
	영어	영단어			3A 3B 4A 4B	5A 5B 6A 6B	
독해력	국어	독해	P1 P2	1A 1B 2A 2B	3A 3B 4A 4B	5A 5B 6A 6B	
	한국사	독해 인물편			1 2	3 4	
	한국사	독해 시대편			1 2	3 4	
계산력	수학	계산		1A 1B 2A 2B	3A 3B 4A 4B	5A 5B 6A 6B	7A 7B

영역	과목	교재	예비 초등	1-2학년	3-4학년	5-6학년	예비중등
교과서 문해력	전 과목	개념어 +서술어		1A 1B 2A 2B	3A 3B 4A 4B	5A 5B 6A 6B	
	사회	교과서 독해			3A 3B 4A 4B	5A 5B 6A 6B	
	과학	교과서 독해			3A 3B 4A 4B	5A 5B 6A 6B	
	수학	문장제 기본		1A 1B 2A 2B	3A 3B 4A 4B	5A 5B 6A 6B	
	수학	문장제 발전		1A 1B 2A 2B	3A 3B 4A 4B	5A 5B 6A 6B	
창의·사고력	전 영역	창의력 키우기	1 2 3 4				

* 초등학생을 위한 영역별 배경지식 함양 <완자 공부력> 시리즈는 2024년부터 출간됩니다.

* 완자 공부력 신간은 계속해서 출간됩니다.

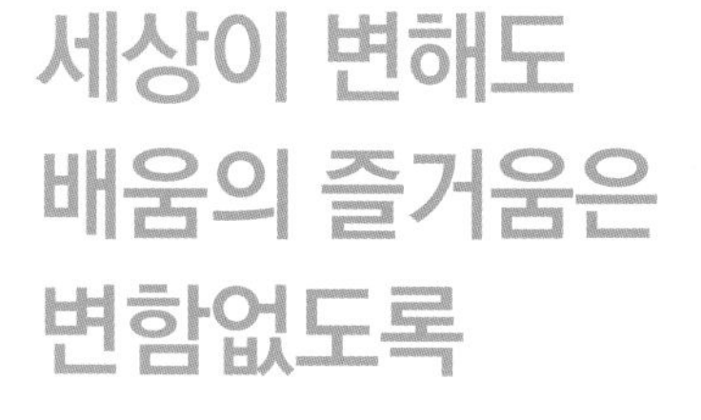

시대는 빠르게 변해도
배움의 즐거움은
변함없어야 하기에

어제의 비상은
남다른 교재부터
결이 다른 콘텐츠
전에 없던 교육 플랫폼까지

변함없는 혁신으로
교육 문화 환경의 새로운 전형을
실현해왔습니다.

비상은 오늘, 다시 한번
새로운 교육 문화 환경을 실현하기 위한
또 하나의 혁신을 시작합니다.

오늘의 내가 어제의 나를 초월하고
오늘의 교육이 어제의 교육을 초월하여
배움의 즐거움을 지속하는 혁신,

바로, 메타인지 기반 완전 학습을.

상상을 실현하는 교육 문화 기업 비상

메타인지 기반 완전 학습

초월을 뜻하는 meta와 생각을 뜻하는 인지가 결합한 메타인지는
자신이 알고 모르는 것을 스스로 구분하고 학습계획을 세우도록 하는
궁극의 학습 능력입니다. 비상의 메타인지 기반 완전 학습 시스템은
잠들어 있는 메타인지를 깨워 공부를 100% 내 것으로 만들도록 합니다.

공부로 이끄는 힘!

완자 공부력

교과서 문해력 **수학 문장제** | 기본 | 2B

2학년

수학 문장제 기본 단계별 구성

1A	1B	2A	2B	3A	3B
9까지의 수	100까지의 수	세 자리 수	네 자리 수	덧셈과 뺄셈	곱셈
여러 가지 모양	덧셈과 뺄셈 (1)	여러 가지 도형	곱셈구구	평면도형	나눗셈
덧셈과 뺄셈	여러 가지 모양	덧셈과 뺄셈	길이 재기	나눗셈	원
비교하기	덧셈과 뺄셈 (2)	길이 재기	시각과 시간	곱셈	분수
50까지의 수	시계 보기와 규칙 찾기	분류하기	표와 그래프	길이와 시간	들이와 무게
	덧셈과 뺄셈 (3)	곱셈	규칙 찾기	분수와 소수	자료의 정리

수학 교과서 전 단원, 전 영역 문장제 문제를
쉽게 익히고 연습하여 문제 해결력을 길러요!

4A	4B	5A	5B	6A	6B
큰 수	분수의 덧셈과 뺄셈	자연수의 혼합 계산	수의 범위와 어림하기	분수의 나눗셈	분수의 나눗셈
각도	삼각형	약수와 배수	분수의 곱셈	각기둥과 각뿔	소수의 나눗셈
곱셈과 나눗셈	소수의 덧셈과 뺄셈	규칙과 대응	합동과 대칭	소수의 나눗셈	공간과 입체
평면도형의 이동	사각형	약분과 통분	소수의 곱셈	비와 비율	비례식과 비례배분
막대 그래프	꺾은선 그래프	분수의 덧셈과 뺄셈	직육면체	여러 가지 그래프	원의 둘레와 넓이
규칙 찾기	다각형	다각형의 둘레와 넓이	평균과 가능성	직육면체의 부피와 겉넓이	원기둥, 원뿔, 구

특징과 활용법

준비하기

단원별 2쪽, 가볍게 몸풀기

문장제 준비하기

준비 **기본 문제로 문장제 준비하기**

1 수직선을 보고 □ 안에 알맞은 수를 써넣으세요.

0 100 200 300 400 500 600 700 800 900 1000

900보다 100만큼 더 큰 수는 □입니다.

2 수 모형을 보고 □ 안에 알맞은 수나 말을 써넣으세요.

1000이 6개이면 □(이)라 쓰고, □이라고 읽습니다.

3 그림이 나타내는 수를 쓰고 읽어 보세요.

1000 1000 1000 1000 1000 100 100 100 100 10 10 10 10 10 10 1

쓰기 (   ), 읽기 (   )

계산 문제나 기본 문제를
풀면서 개념을 확인해요!
잘 기억나지 않는 건
도움말을 보면서 떠올려요!

일차 학습

하루 4쪽, 문장제 학습

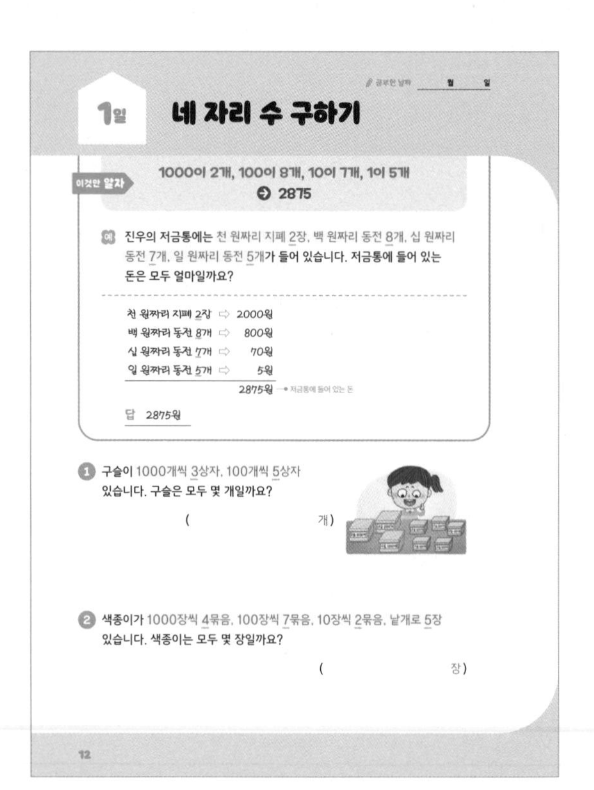

공부한 날짜 월 일

1일 **네 자리 수 구하기**

이것만 알자 1000이 2개, 100이 8개, 10이 7개, 1이 5개 → 2875

예 진우의 저금통에는 천 원짜리 지폐 2장, 백 원짜리 동전 8개, 십 원짜리 동전 7개, 일 원짜리 동전 5개가 들어 있습니다. 저금통에 들어 있는 돈은 모두 얼마일까요?

천 원짜리 지폐 2장 ⇨ 2000원
백 원짜리 동전 8개 ⇨ 800원
십 원짜리 동전 7개 ⇨ 70원
일 원짜리 동전 5개 ⇨ 5원
2875원 ← 저금통에 들어 있는 돈

답 2875원

1 구슬이 1000개씩 3상자, 100개씩 5상자 있습니다. 구슬은 모두 몇 개일까요?

(개)

2 색종이가 1000장씩 4묶음, 100장씩 7묶음, 10장씩 2묶음, 낱개로 5장 있습니다. 색종이는 모두 몇 장일까요?

(장)

12

하루에 4쪽만 공부하면 끝!
이것만 알자 속 내용만 기억하면
풀이가 술술~

실력 확인하기

단원별 마무리하기와 총정리 실력 평가

마무리하기

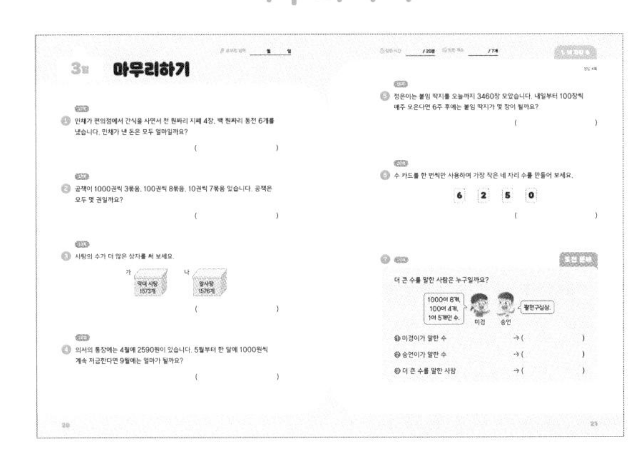

앞에서 배운 문제를
풀면서 실력을 확인해요.
조금 더 어려운 도전 문제까지
성공하면 최고!

실력 평가

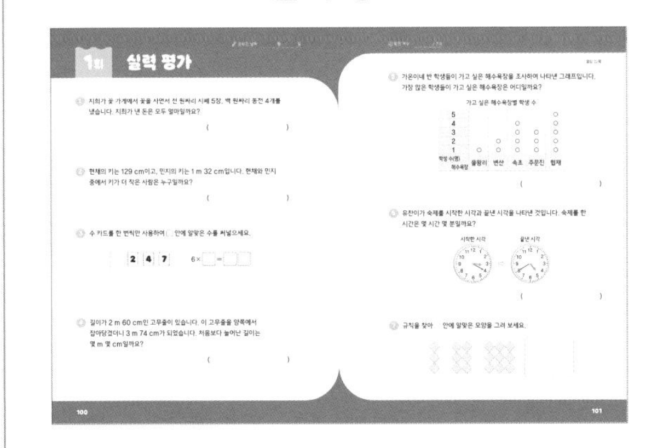

한 권을 모두 끝낸 후엔
실력 평가로 내 실력을 점검해요!
6개 이상 맞혔으면
발전편으로 GO!

정답과 해설

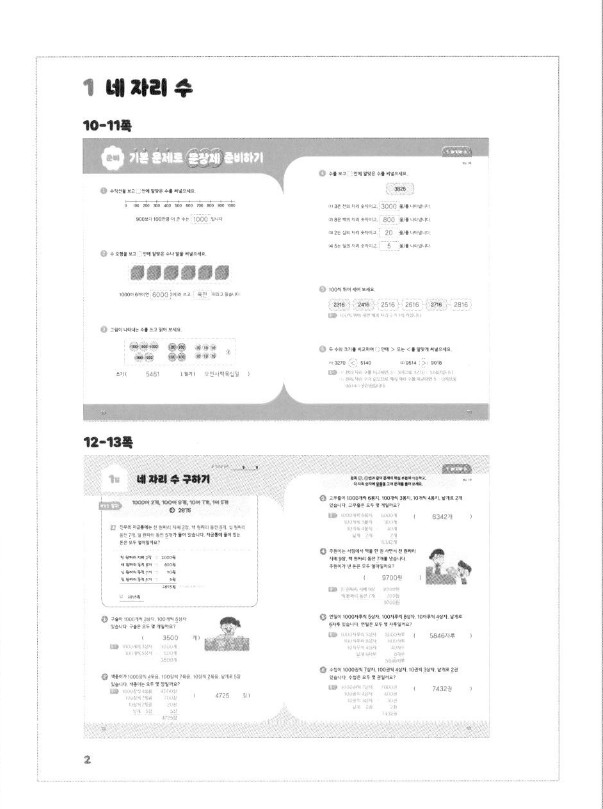

정답과 해설을 빠르게 확인하고,
틀린 문제는 다시 풀어요!
QR을 찍으면 모바일로도
정답을 확인할 수 있어요!

차례

1 네 자리 수

준비

기본 문제로
문장제 준비하기

1일차

✦ 네 자리 수 구하기

✦ 더 많은(적은) 것 구하기

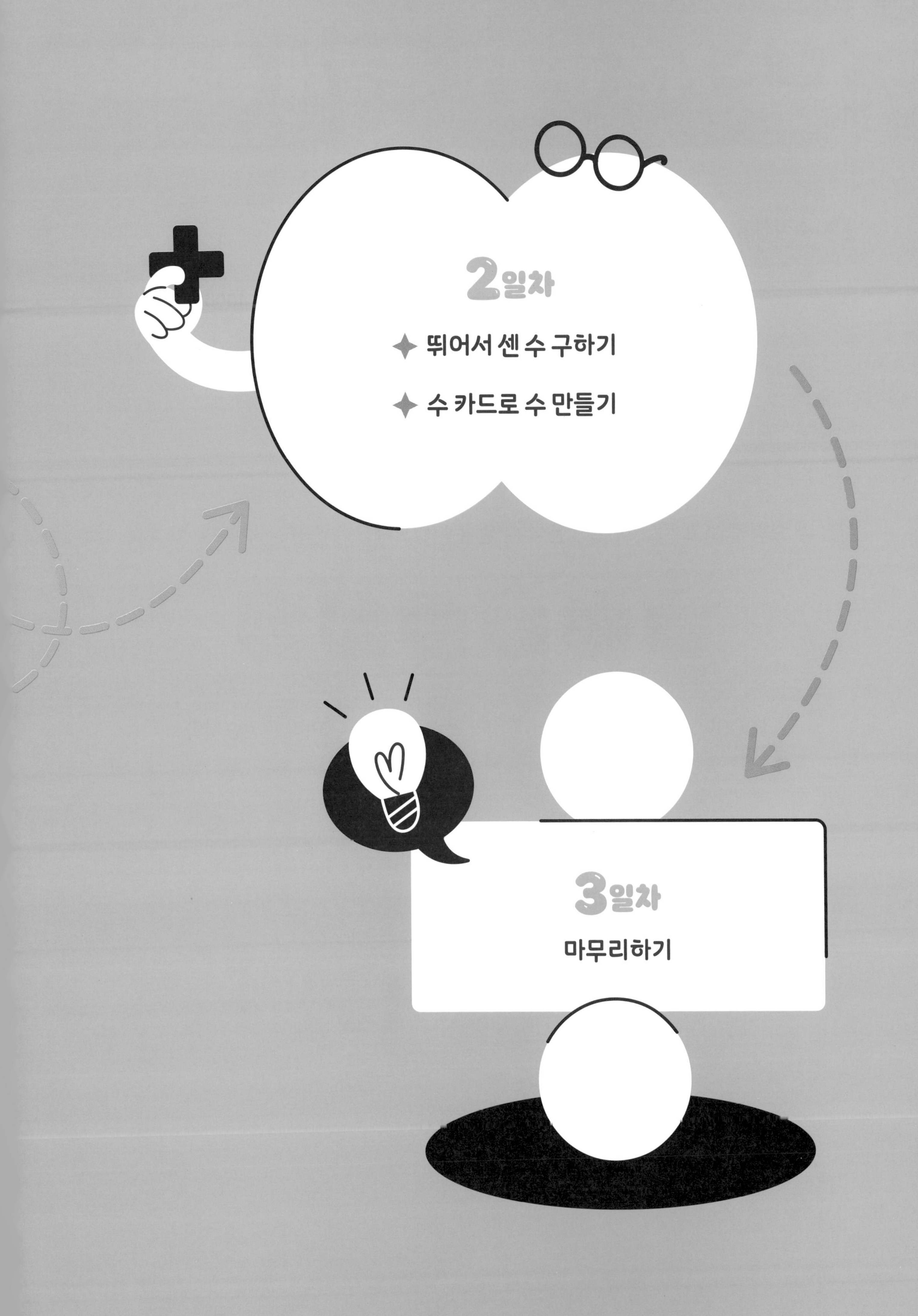
2일차
뛰어서 센 수 구하기
수 카드로 수 만들기
3일차
마무리하기

준비 기본 문제로 문장제 준비하기

1 수직선을 보고 ☐ 안에 알맞은 수를 써넣으세요.

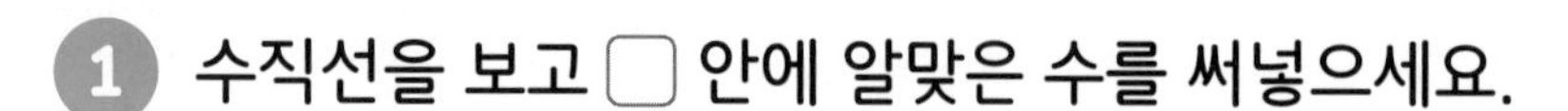

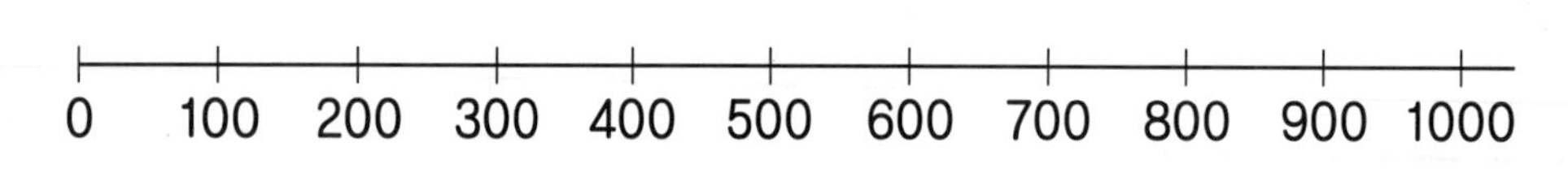

900보다 100만큼 더 큰 수는 ☐입니다.

2 수 모형을 보고 ☐ 안에 알맞은 수나 말을 써넣으세요.

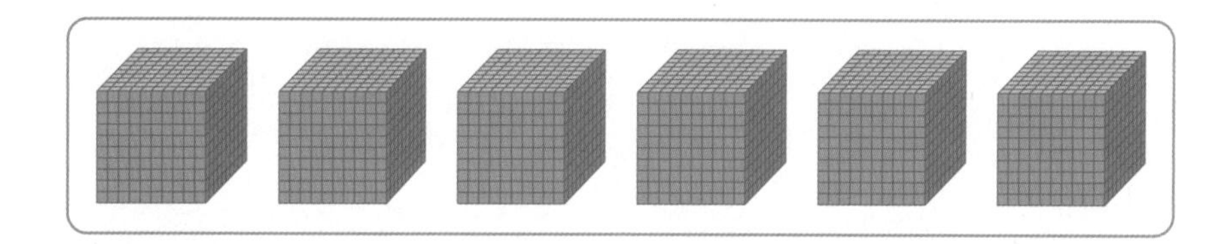

1000이 6개이면 ☐(이)라 쓰고, ☐이라고 읽습니다.

3 그림이 나타내는 수를 쓰고 읽어 보세요.

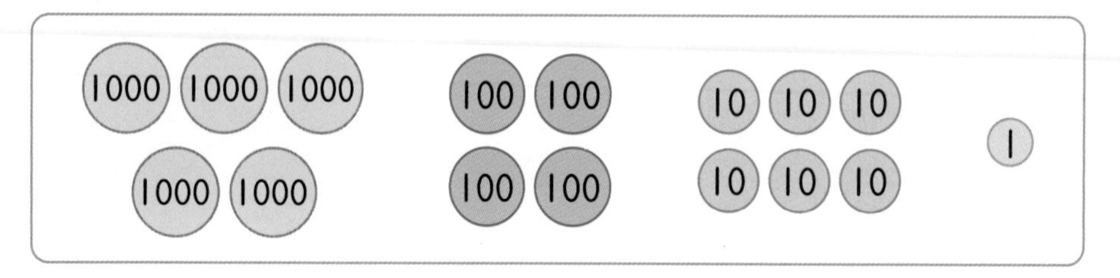

쓰기 (   ), 읽기 (   )

정답 2쪽

4 수를 보고 ▢ 안에 알맞은 수를 써넣으세요.

3825

(1) 3은 천의 자리 숫자이고, ▢ 을/를 나타냅니다.

(2) 8은 백의 자리 숫자이고, ▢ 을/를 나타냅니다.

(3) 2는 십의 자리 숫자이고, ▢ 을/를 나타냅니다.

(4) 5는 일의 자리 숫자이고, ▢ 을/를 나타냅니다.

5 100씩 뛰어 세어 보세요.

2316 — 2416 — ▢ — ▢ — 2716 — ▢

6 두 수의 크기를 비교하여 ○ 안에 > 또는 <를 알맞게 써넣으세요.

(1) 3270 ○ 5140

(2) 9514 ○ 9018

공부한 날짜 월 일

1일 네 자리 수 구하기

이것만 알자

1000이 2개, 100이 8개, 10이 7개, 1이 5개
➜ 2875

예 진우의 저금통에는 천 원짜리 지폐 2장, 백 원짜리 동전 8개, 십 원짜리 동전 7개, 일 원짜리 동전 5개가 들어 있습니다. 저금통에 들어 있는 돈은 모두 얼마일까요?

천 원짜리 지폐 2장 ⇨ 2000원
백 원짜리 동전 8개 ⇨ 800원
십 원짜리 동전 7개 ⇨ 70원
일 원짜리 동전 5개 ⇨ 5원

2875원 —● 저금통에 들어 있는 돈

답 2875원

1 구슬이 1000개씩 3상자, 100개씩 5상자 있습니다. 구슬은 모두 몇 개일까요?

(개)

2 색종이가 1000장씩 4묶음, 100장씩 7묶음, 10장씩 2묶음, 낱개로 5장 있습니다. 색종이는 모두 몇 장일까요?

(장)

왼쪽 ①, ②번과 같이 문제의 핵심 부분에 색칠하고,
각 자리 숫자에 밑줄을 그어 문제를 풀어 보세요.

정답 2쪽

③ 고무줄이 1000개씩 6봉지, 100개씩 3봉지, 10개씩 4봉지, 낱개로 2개 있습니다. 고무줄은 모두 몇 개일까요?

( )

④ 주원이는 서점에서 책을 한 권 사면서 천 원짜리 지폐 9장, 백 원짜리 동전 7개를 냈습니다. 주원이가 낸 돈은 모두 얼마일까요?

( )

⑤ 연필이 1000자루씩 5상자, 100자루씩 8상자, 10자루씩 4상자, 낱개로 6자루 있습니다. 연필은 모두 몇 자루일까요?

( )

⑥ 수첩이 1000권씩 7상자, 100권씩 4상자, 10권씩 3상자, 낱개로 2권 있습니다. 수첩은 모두 몇 권일까요?

( )

1일 더 많은(적은) 것 구하기

이것만 알자

더 많은 것은? ➔ 높은 자리의 수가 더 큰 수 찾기
더 적은 것은? ➔ 높은 자리의 수가 더 작은 수 찾기

예 콩의 수가 더 많은 자루를 써 보세요.

가 강낭콩 3146개 나 완두콩 3172개

$3146 < 3172$
$4 < 7$

따라서 콩의 수가 더 많은 자루는 나 자루입니다.

답 나 자루

1 동물원에 어른은 2957명 입장했고, 어린이는 2864명 입장했습니다. 어른과 어린이 중에서 더 많이 입장한 사람은 누구일까요?

( )

2 더 큰 수를 말한 사람은 누구일까요?

( )

왼쪽 ①, ②번과 같이 문제의 핵심 부분에 색칠하고,
비교해야 하는 두 수에 밑줄을 그어 문제를 풀어 보세요.

정답 3쪽

3 딸기 맛 사탕이 5235개 있고, 포도 맛 사탕이 4571개 있습니다. 더 적게 있는 사탕은 무엇일까요?

( )

4 효석이가 타야 하는 버스의 번호를 써 보세요.

번호가 더 큰
버스를 타야 해.
비상 마을 입구
버스 노선도
6291
6913

( )

5 용돈을 정빈이는 9850원 모았고, 현성이는 9870원 모았습니다. 용돈을 더 많이 모은 사람은 누구일까요?

( )

6 우표를 예준이는 2136장 모았고, 서안이는 2135장 모았습니다. 우표를 더 적게 모은 사람은 누구일까요?

( )

2일 뛰어서 센 수 구하기

이것만 알자 10씩 4번 ➔ 10씩 뛰어 세기를 4번 반복하기

예 윤석이는 색종이로 종이학을 오늘까지 1210마리 접었습니다. 내일부터 10마리씩 매일 접는다면 4일 후에는 종이학이 몇 마리가 될까요?

10씩 뛰어 세면 십의 자리 수가 1씩 커집니다.

1210부터 10씩 뛰어 세면

1210 - 1220 - 1230 - 1240 - 1250입니다.

(오늘, 1일 후, 2일 후, 3일 후, 4일 후)

따라서 4일 후에는 종이학이 1250마리가 됩니다.

답 1250마리

1. 승민이의 저금통에는 7일에 4500원이 있습니다. 8일부터 100원씩 매일 저금한다면 10일에는 얼마가 될까요?

(원)

2. 지금 만두 가게에 만두가 2260개 있습니다. 이 만두 가게에서 만두를 한 시간에 1000개씩 만든다면 5시간 후에는 만두가 몇 개가 될까요?

(개)

왼쪽 ①, ②번과 같이 문제의 핵심 부분에 색칠하고, 문제를 풀어 보세요.

정답 3쪽

③ 이안이의 통장에는 3월에 5480원이 있습니다. 4월부터 한 달에 1000원씩 계속 저금한다면 4월, 5월, 6월에는 각각 얼마가 될까요?

4월 (　　　　　　　　　　)

5월 (　　　　　　　　　　)

6월 (　　　　　　　　　　)

④ 정우는 8월까지 책을 1036권 읽었습니다. 9월부터 한 달에 10권씩 계속 읽는다면 12월까지 읽는 책은 몇 권이 될까요?

(　　　　　　　　　　)

⑤ 효주의 통장에는 5월에 3640원이 있습니다. 6월부터 한 달에 1000원씩 계속 저금한다면 8월에는 얼마가 될까요?

(　　　　　　　　　　)

2일 수 카드로 수 만들기

이것만 알자

가장 큰(작은) 수 만들기
→ 높은 자리에 큰(작은) 수부터 차례로 놓기

예 수 카드를 한 번씩만 사용하여 가장 큰 네 자리 수를 만들어 보세요.

2 5 7 4

수 카드의 수의 크기를 비교하면 7>5>4>2입니다.
큰 수부터 높은 자리에 차례로
놓으면 가장 큰 네 자리 수는
7542입니다.

답 7542

가장 작은 수를 만들 때 0을
가장 높은 자리에 놓으면 안돼요.

1 수 카드를 한 번씩만 사용하여 가장 큰 네 자리 수를 만들어 보세요.

8 1 0 3

( )

2 수 카드를 한 번씩만 사용하여 가장 작은 네 자리 수를 만들어 보세요.

2 5 7 4

( )

왼쪽 ❶, ❷번과 같이 문제의 핵심 부분에 색칠하고,
문제를 풀어 보세요.

정답 4쪽

❸ 수 카드를 한 번씩만 사용하여 가장 큰 네 자리 수를 만들어 보세요.

4 3 7 1

( )

❹ 수 카드를 한 번씩만 사용하여 가장 큰 네 자리 수를 만들어 보세요.

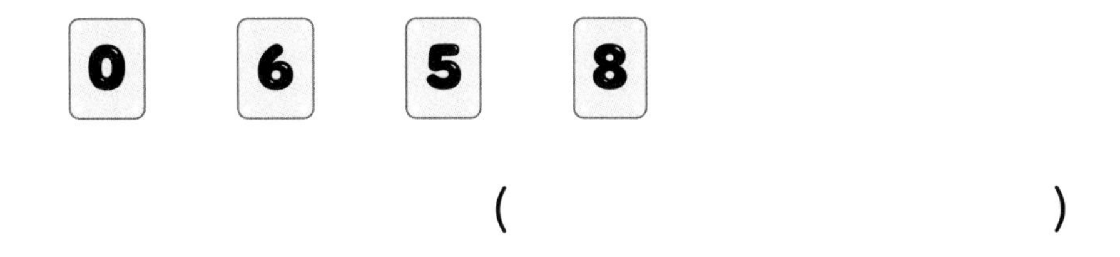

( )

❺ 수 카드를 한 번씩만 사용하여 가장 작은 네 자리 수를 만들어 보세요.

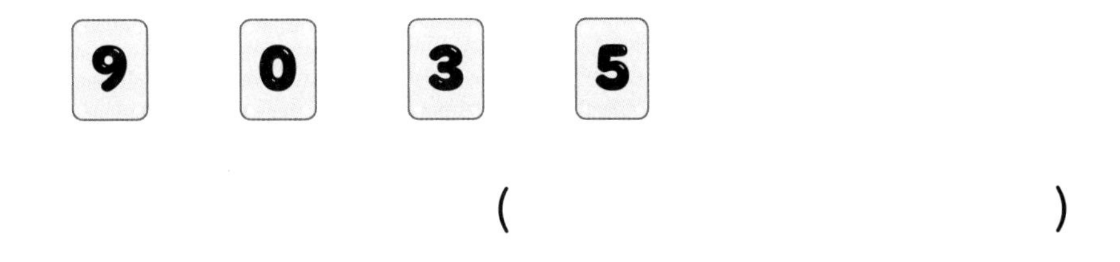

( )

3일 마무리하기

12쪽

1 민채가 편의점에서 간식을 사면서 천 원짜리 지폐 4장, 백 원짜리 동전 6개를 냈습니다. 민채가 낸 돈은 모두 얼마일까요?

( )

12쪽

2 공책이 1000권씩 3묶음, 100권씩 8묶음, 10권씩 7묶음 있습니다. 공책은 모두 몇 권일까요?

( )

14쪽

3 사탕의 수가 더 많은 상자를 써 보세요.

가 막대 사탕 1573개

나 알사탕 1576개

( )

16쪽

4 의서의 통장에는 4월에 2590원이 있습니다. 5월부터 한 달에 1000원씩 계속 저금한다면 9월에는 얼마가 될까요?

( )

정답 4쪽

16쪽

5 정은이는 붙임 딱지를 오늘까지 3460장 모았습니다. 내일부터 100장씩 매주 모은다면 6주 후에는 붙임 딱지가 몇 장이 될까요?

( )

18쪽

6 수 카드를 한 번씩만 사용하여 가장 작은 네 자리 수를 만들어 보세요.

6 2 5 0

( )

7 14쪽 도전 문제

더 큰 수를 말한 사람은 누구일까요?

미경: 1000이 8개, 100이 4개, 1이 5개인 수.

승언: 팔천구십삼.

❶ 미경이가 말한 수 → ( )

❷ 승언이가 말한 수 → ( )

❸ 더 큰 수를 말한 사람 → ( )

2 곱셈구구

준비

기본 문제로
문장제 준비하기

4일차

- 몇씩 몇 묶음은 모두 얼마인지 구하기
- 곱셈식 완성하기

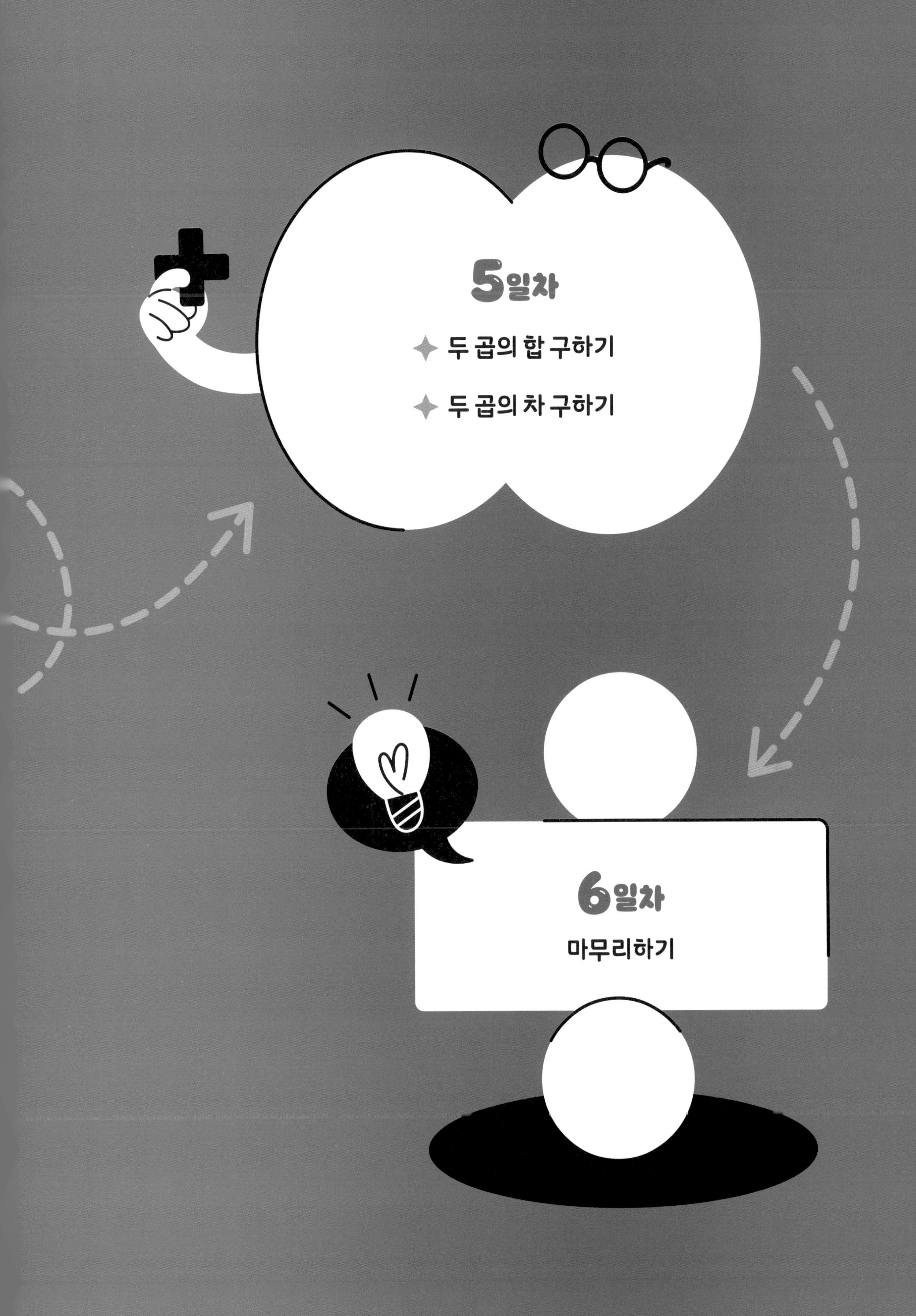
5일차
두 곱의 합 구하기
두 곱의 차 구하기
6일차
마무리하기

준비 기본 문제로 문장제 준비하기

1 □ 안에 알맞은 수를 써넣으세요.

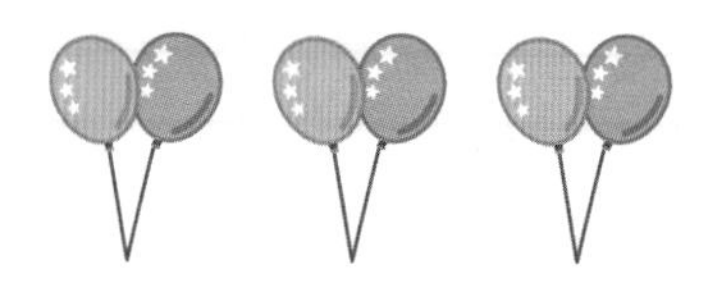

$2+2+2=\square$, $2\times 3=\square$

2 5개씩 묶고 곱셈식으로 나타내어 보세요.

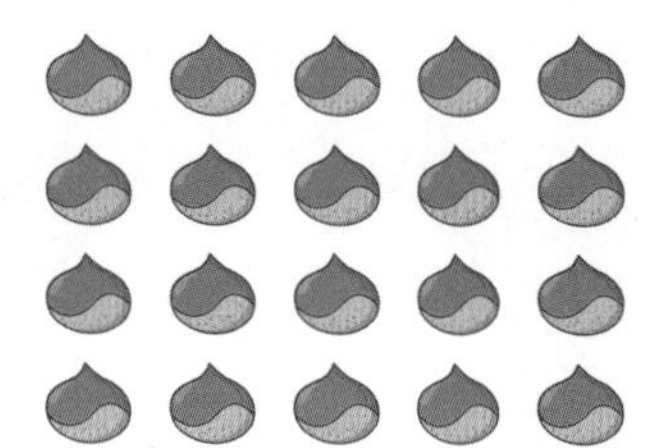

$5\times\square=\square$

3 달걀이 모두 몇 개인지 곱셈식으로 나타내어 보세요.

$6\times\square=\square$

정답 5쪽

4 ☐ 안에 알맞은 수를 써넣으세요.

(1) $4 \times 2 = \square$

(2) $8 \times 7 = \square$

(3) $7 \times 3 = \square$

(4) $9 \times 6 = \square$

5 사과가 모두 몇 개인지 곱셈식으로 나타내어 보세요.

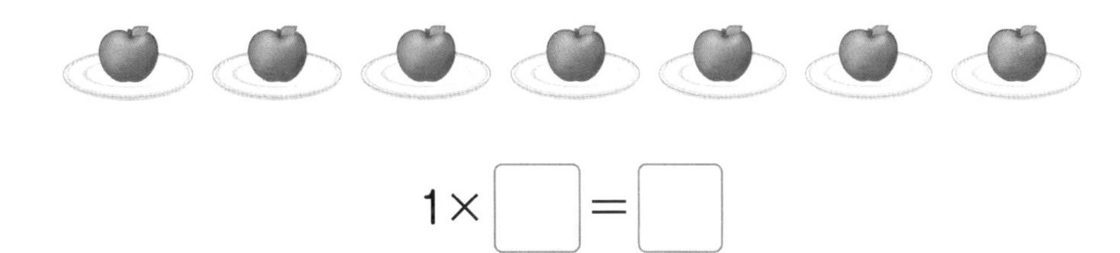

$1 \times \square = \square$

6 빈칸에 알맞은 수를 써넣으세요.

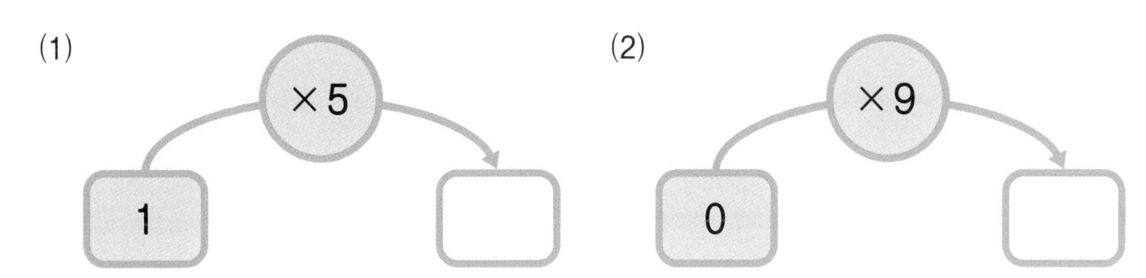

7 빈칸에 알맞은 수를 써넣어 곱셈표를 완성해 보세요.

×	1	2	3	4	5	6	7
7	7			28		42	49
8	8	16	24		40		

4일 몇씩 몇 묶음은 모두 얼마인지 구하기

이것만 알자 한 묶음에 6씩 5묶음은 모두 몇 개 ➔ 6×5

예 도넛이 한 접시에 6개씩 있습니다. 5접시에 있는 도넛은 모두 몇 개일까요?

(5접시에 있는 도넛의 수)
= (한 접시에 있는 도넛의 수) × (접시의 수)

곱셈식 $6 \times 5 = 30$ **답** 30개

1 꽃 한 송이에 꽃잎이 5장씩 있습니다. 꽃 9송이에 있는 꽃잎은 모두 몇 장일까요?

곱셈식 $5 \times 9 = \square$ **답** $\square$장

꽃 한 송이에 있는 꽃잎의 수 / 꽃의 수

2 어항 한 개에 금붕어가 8마리씩 들어 있습니다. 어항 4개에 들어 있는 금붕어는 모두 몇 마리일까요?

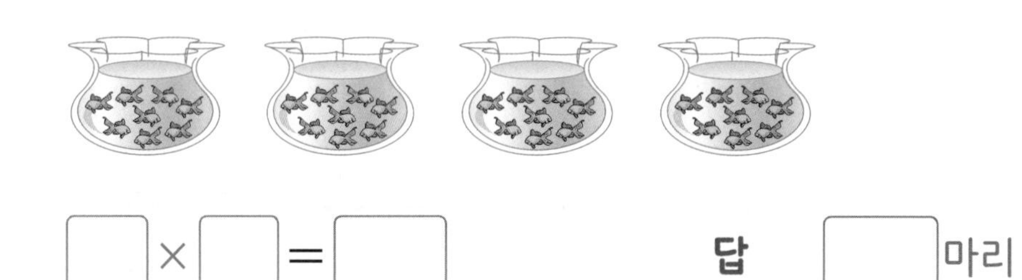

곱셈식 $\square \times \square = \square$ **답** $\square$마리

왼쪽 ①, ②번과 같이 문제의 핵심 부분에 색칠하고,
계산해야 하는 두 수에 밑줄을 그어 문제를 풀어 보세요.

정답 5쪽

③ 꽃병 한 개에 꽃이 4송이씩 꽂혀 있습니다. 꽃병 7개에 꽂혀 있는 꽃은 모두 몇 송이일까요?

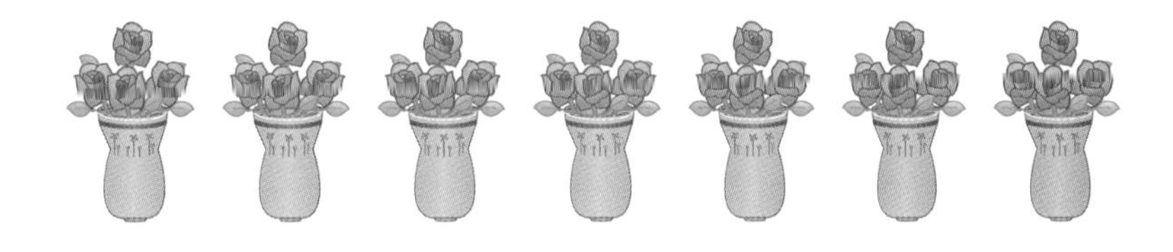

곱셈식 ______________________ 답 __________

④ 팔찌 한 개에 구슬이 9개씩 있습니다. 팔찌 6개에 있는 구슬은 모두 몇 개일까요?

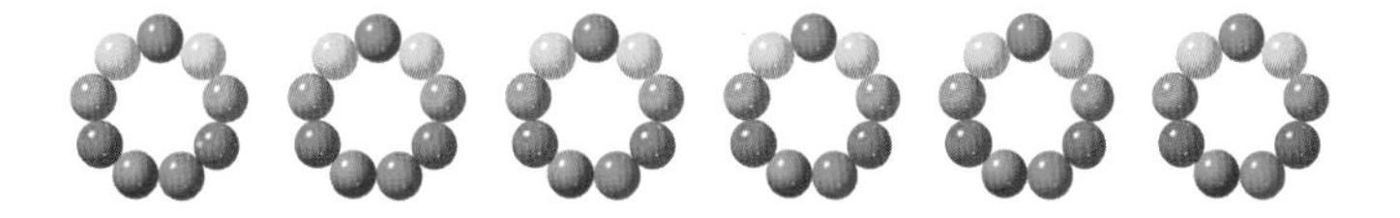

곱셈식 ______________________ 답 __________

⑤ 젤리통이 한 상자에 3통씩 들어 있습니다. 8상자에 들어 있는 젤리통은 모두 몇 통일까요?

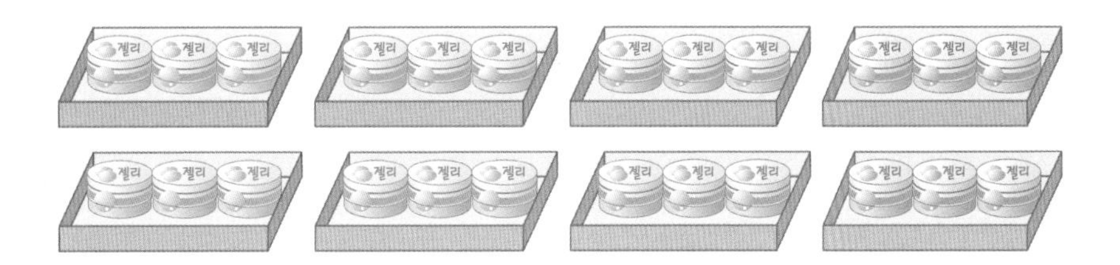

곱셈식 ______________________ 답 __________

4일

곱셈식 완성하기

이것만 알자

수 카드를 사용하여 곱셈식 완성하기
➔ 곱하는 수에 수 카드의 수를 하나씩 넣어 계산하기

예 보기 와 같이 수 카드를 한 번씩만 사용하여 ☐ 안에 알맞은 수를 써넣으세요.

보기

1 2 3

4× 3 = 1 2

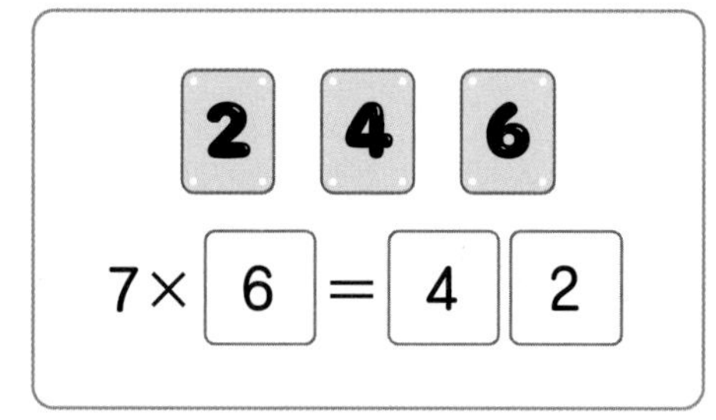

7단 곱셈구구에서 곱하는 수가 2, 4, 6일 때의 곱을 각각 구합니다.
7 × 2 = 14(×), 7 × 4 = 28(×), 7 × 6 = 42(○)

1 수 카드를 한 번씩만 사용하여 ☐ 안에 알맞은 수를 써넣으세요.

4 5 9

6× ☐ = ☐☐

2 수 카드를 한 번씩만 사용하여 ☐ 안에 알맞은 수를 써넣으세요.

5 6 7

8× ☐ = ☐☐

왼쪽 ①, ②번과 같이 문제의 핵심 부분에 색칠하고,
문제를 풀어 보세요.

정답 6쪽

3 수 카드를 한 번씩만 사용하여 □ 안에 알맞은 수를 써넣으세요.

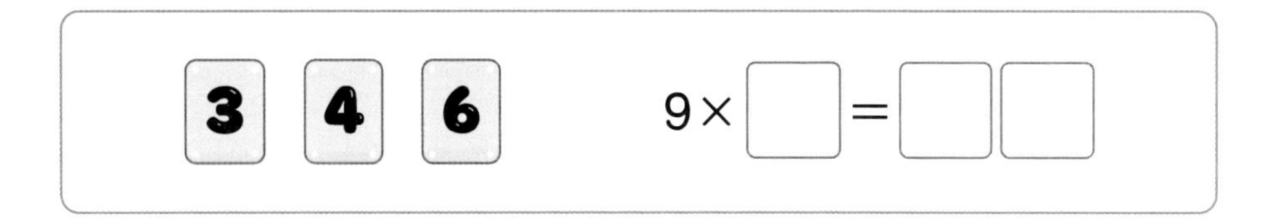

4 수 카드를 한 번씩만 사용하여 □ 안에 알맞은 수를 써넣으세요.

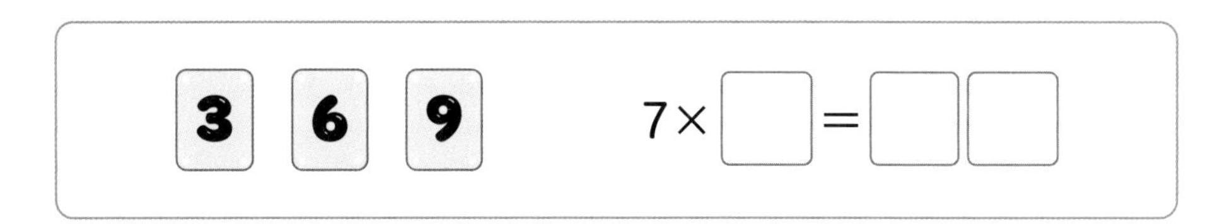

5 수 카드를 한 번씩만 사용하여 만들 수 있는 곱셈식을 2개 구하려고 합니다. □ 안에 알맞은 수를 써넣으세요.

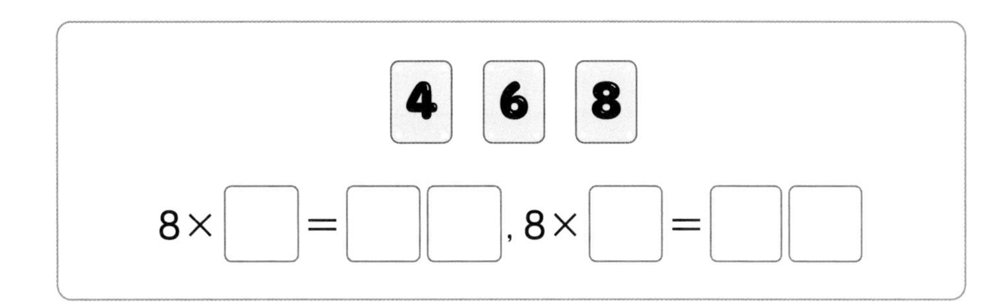

5일 두 곱의 합 구하기

이것만 알자 한 묶음에 8씩 4묶음과 한 묶음에 6씩 3묶음은 모두 몇 ➔ 8×4와 6×3의 합

예 감이 한 상자에 8개씩, 참외가 한 상자에 6개씩 들어 있습니다. 감 4상자와 참외 3상자에 들어 있는 과일은 모두 몇 개일까요?

(4상자에 들어 있는 감의 수) = 8 × 4 = 32(개)

(3상자에 들어 있는 참외의 수) = 6 × 3 = 18(개)

⇨ (과일의 수의 합)

= (4상자에 들어 있는 감의 수) + (3상자에 들어 있는 참외의 수)

= 32 + 18 = 50(개)

답 50개

1 책꽂이에 소설책이 한 칸에 9권씩 3칸, 과학책이 한 칸에 5권씩 7칸에 꽂혀 있습니다. 책꽂이에 꽂혀 있는 책은 모두 몇 권일까요?

풀이

(3칸에 꽂혀 있는 소설책의 수)

=9×3=☐(권)

(7칸에 꽂혀 있는 과학책의 수)

=5×7=☐(권)

⇨ (책의 수의 합)

=☐+☐=☐(권)

답 ☐권

왼쪽 ①번과 같이 문제의 핵심 부분에 색칠하고,
계산해야 하는 수들에 밑줄을 그어 문제를 풀어 보세요.

정답 6쪽

② 고구마가 한 봉지에 5개씩, 감자가 한 봉지에 7개씩 들어 있습니다.
고구마 6봉지와 감자 5봉지에 들어 있는 채소는 모두 몇 개일까요?

풀이

답

③ 수박이 한 바구니에 3통씩, 멜론이 한 바구니에 6통씩 들어 있습니다.
수박 6바구니와 멜론 5바구니에 들어 있는 과일은 모두 몇 통일까요?

풀이

답

④ 빨간 색연필이 한 상자에 8자루씩, 파란 색연필이 한 상자에 9자루씩 들어 있습니다. 빨간 색연필 7상자와 파란 색연필 4상자에 들어 있는 색연필은 모두 몇 자루일까요?

풀이

답

5일

두 곱의 차 구하기

이것만 알자

한 묶음에 3씩 8묶음은 한 묶음에 5씩 4묶음보다 얼마나 더 많을 ➔ 3×8과 5×4의 차

예 체육관에 남학생이 한 줄에 3명씩 8줄로 앉아 있고, 여학생이 한 줄에 5명씩 4줄로 앉아 있습니다. 체육관에 앉아 있는 남학생은 여학생보다 몇 명 더 많을까요?

(남학생 수) = 3 × 8 = 24(명)
(여학생 수) = 5 × 4 = 20(명)
⇨ (남학생 수) − (여학생 수) = 24 − 20 = 4(명)

답 4명

1 다리가 2개인 닭 8마리와 다리가 4개인 돼지 3마리가 있습니다. 닭의 다리 수의 합은 돼지의 다리 수의 합보다 몇 개 더 많을까요?

풀이
(닭의 다리 수의 합)
=2×8=□(개)
(돼지의 다리 수의 합)
=4×3=□(개)
⇨ (닭의 다리 수의 합)
−(돼지의 다리 수의 합)
=□−□=□(개)

답 □개

왼쪽 ①번과 같이 문제의 핵심 부분에 색칠하고,
계산해야 하는 수들에 밑줄을 그어 문제를 풀어 보세요.

정답 7쪽

② 포도를 한 상자에 5송이씩 9상자에 담았고, 바나나를 한 상자에 7송이씩 6상자에 담았습니다. 포도는 바나나보다 몇 송이 더 많을까요?

풀이

답

③ 공책을 정연이는 한 묶음에 6권씩 5묶음 가지고 있고, 수빈이는 한 묶음에 8권씩 4묶음 가지고 있습니다. 수빈이가 가지고 있는 공책은 정연이가 가지고 있는 공책보다 몇 권 더 많을까요?

풀이

답

④ 전깃줄에 참새는 한 줄에 9마리씩 5줄로 앉아 있고, 비둘기는 한 줄에 6마리씩 4줄로 앉아 있습니다. 전깃줄에 앉아 있는 참새는 비둘기보다 몇 마리 더 많을까요?

풀이

답

6일 마무리하기

26쪽

1 찜통 한 개에 만두가 8개씩 있습니다. 찜통 5개에 있는 만두는 모두 몇 개일까요?

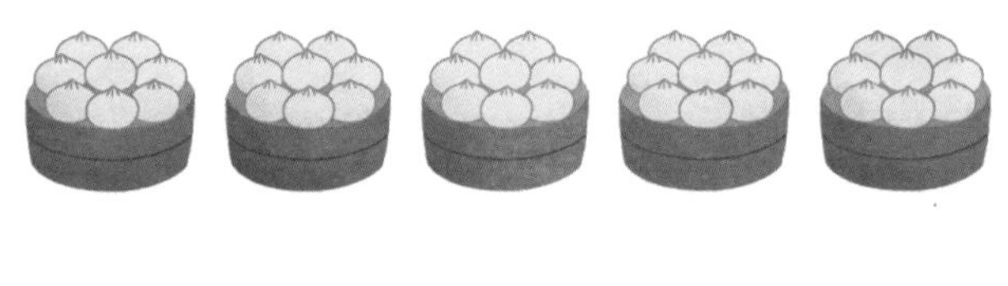

(   )

26쪽

2 한 팀에 선수가 6명 있습니다. 7팀이 모여서 배구 경기를 한다면 선수는 모두 몇 명일까요?

(   )

28쪽

3 수 카드를 한 번씩만 사용하여 □ 안에 알맞은 수를 써넣으세요.

2　3　7　　　$9 \times \square = \square\square$

30쪽

4 옥수수가 한 망에 5개씩, 양파가 한 망에 4개씩 들어 있습니다.
옥수수 7망과 양파 6망에 들어 있는 채소는 모두 몇 개일까요?

(   )

정답 7쪽

32쪽

5 미애의 나이는 9살입니다. 미애 아버지의 나이는 미애 나이의 4배, 미애 할아버지의 나이는 미애 나이의 7배입니다. 미애 할아버지는 미애 아버지보다 몇 살 더 많을까요?

( )

32쪽

6 초콜릿을 한 상자에 4통씩 6상자에 담았고, 껌을 한 상자에 3통씩 7상자에 담았습니다. 껌은 초콜릿보다 몇 통 더 적을까요?

( )

7 30쪽

도전 문제

달리기 경기에서 다음과 같이 등수에 따라 점수를 얻습니다. 민정이네 반에는 1등이 2명, 2등이 6명, 3등이 5명 있습니다. 민정이네 반의 달리기 점수는 모두 몇 점일까요?

등수	1등	2등	3등
점수(점)	3	2	1

❶ 1등 2명이 얻은 점수 → ( )

❷ 2등 6명이 얻은 점수 → ( )

❸ 3등 5명이 얻은 점수 → ( )

❹ 민정이네 반의 달리기 점수의 합 → ( )

3 길이 재기

준비

기본 문제로
문장제 준비하기

7일차

- 단위가 다른 물건의 길이 비교하기
- 두 물건의 길이의 합 구하기

8일차

- 전체 길이 구하기
- 더 긴(짧은) 길이 구하기

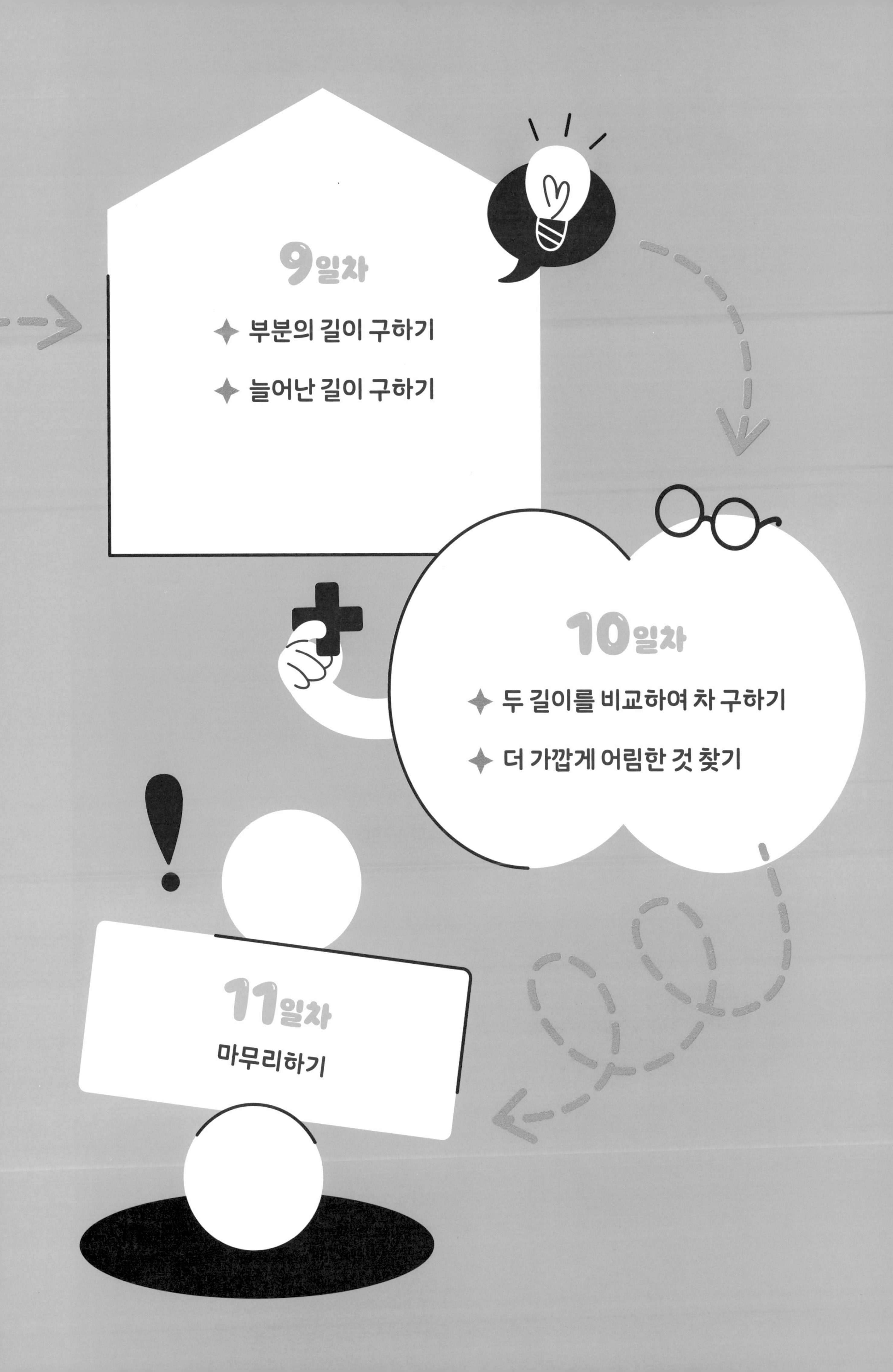

9일차
부분의 길이 구하기
늘어난 길이 구하기
10일차
두 길이를 비교하여 차 구하기
더 가깝게 어림한 것 찾기
11일차
마무리하기

준비 기본 문제로 문장제 준비하기

1 길이를 바르게 읽어 보세요.

2 m 43 cm ⇨ (　　　　　　　　　　)

2 자에서 화살표(↓)가 가리키는 눈금을 읽어 보세요.

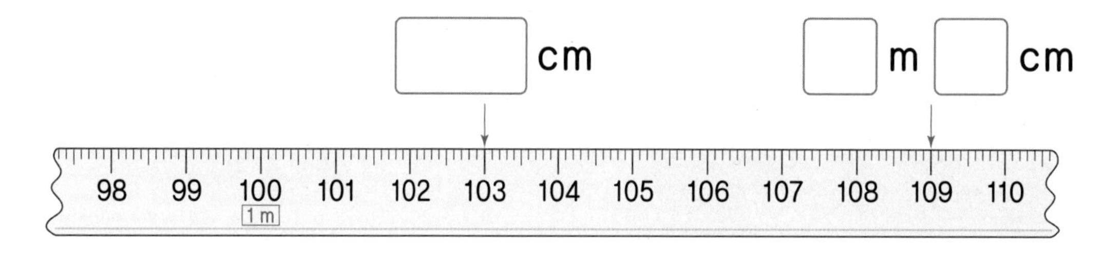

3 줄넘기의 길이는 얼마인지 두 가지 방법으로 나타내어 보세요.

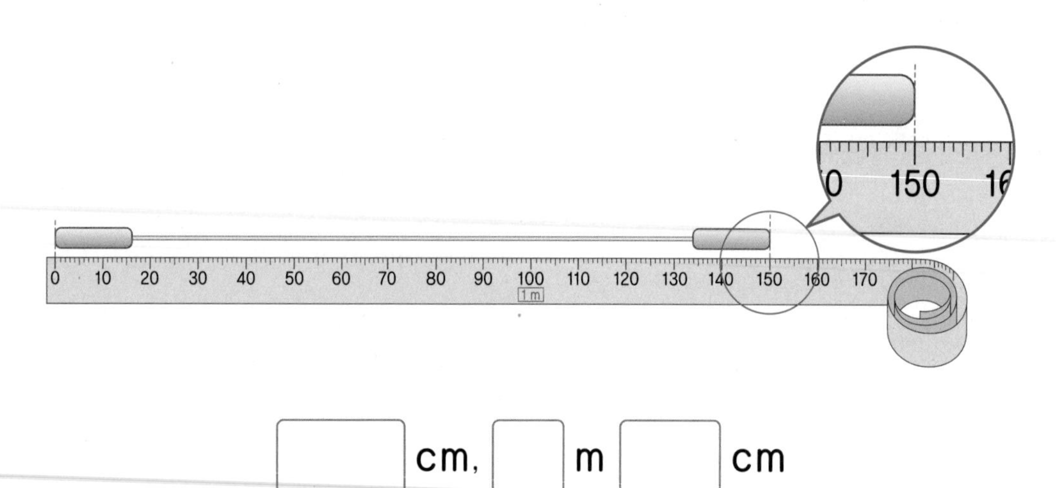

□ cm, □ m □ cm

정답 8쪽

4 ☐ 안에 알맞은 수를 써넣으세요.

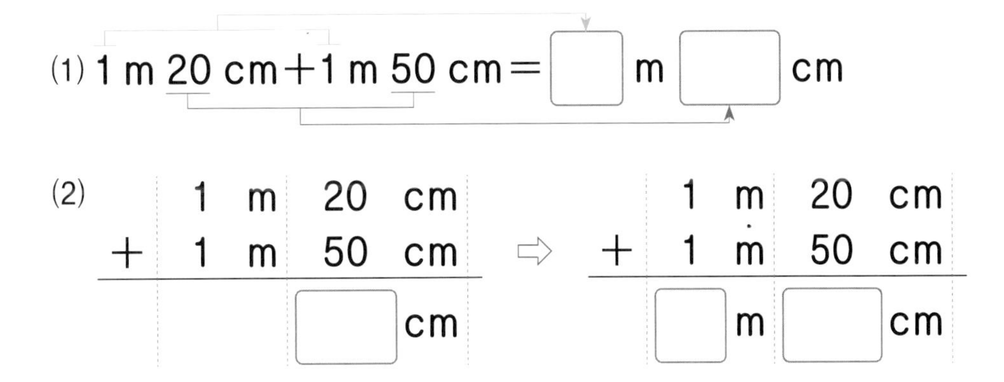

(1) 1 m 20 cm+1 m 50 cm= ☐ m ☐ cm
(2) 1 m 20 cm + 1 m 50 cm ☐ cm ⇨ 1 m 20 cm + 1 m 50 cm ☐ m ☐ cm

5 ☐ 안에 알맞은 수를 써넣으세요.

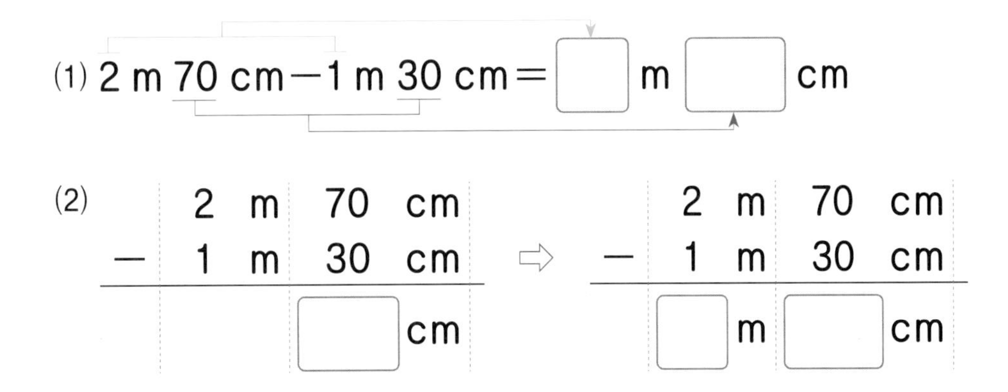

(1) 2 m 70 cm−1 m 30 cm= ☐ m ☐ cm
(2) 2 m 70 cm − 1 m 30 cm ☐ cm ⇨ 2 m 70 cm − 1 m 30 cm ☐ m ☐ cm

6 주어진 1 m로 끈의 길이를 어림하였습니다. 어림한 끈의 길이는 약 몇 m인지 ☐ 안에 알맞은 수를 써넣으세요.

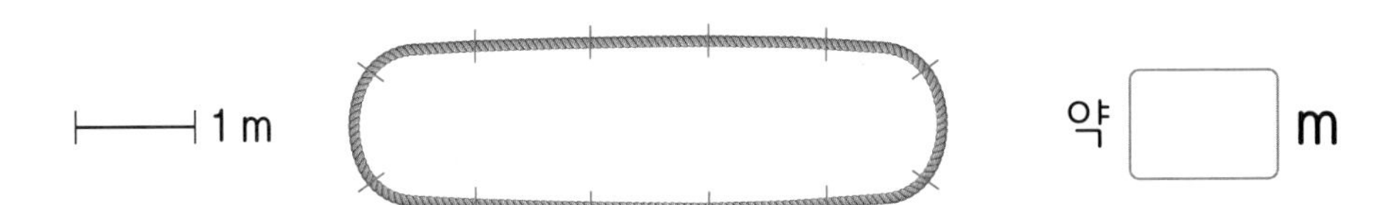

7일 단위가 다른 물건의 길이 비교하기

이것만 알자

더 긴(짧은) 물건은?
➔ 같은 단위로 통일하여 길이 비교하기

예 물개의 몸길이는 195 cm이고, 상어의 몸길이는 1 m 60 cm입니다. 물개와 상어 중에서 몸길이가 더 긴 동물은 무엇일까요?

195 cm = 1 m 95 cm이므로
1 m 95 cm > 1 m 60 cm입니다.
따라서 몸길이가 더 긴 동물은
물개입니다.

답 물개

1 효주의 키는 1 m 38 cm이고, 세희의 키는 142 cm입니다. 효주와 세희 중에서 키가 더 큰 사람은 누구일까요?

( )

2 책상의 길이는 150 cm이고, 식탁의 길이는 1 m 85 cm입니다. 책상과 식탁 중에서 길이가 더 짧은 물건은 무엇일까요?

( )

왼쪽 ①, ②번과 같이 문제의 핵심 부분에 색칠하고,
비교해야 하는 두 길이에 밑줄을 그어 문제를 풀어 보세요.

정답 8쪽

③ 방문의 높이는 2 m 40 cm이고, 옷장의 높이는 238 cm입니다. 방문과 옷장 중에서 높이가 더 높은 물건은 무엇일까요?

( )

④ 민호의 멀리뛰기 기록은 115 cm이고, 준우의 멀리뛰기 기록은 1 m 21 cm입니다. 민호와 준우 중에서 기록이 더 긴 사람은 누구일까요?

( )

⑤ 교실에서 강당까지의 거리는 8 m 62 cm이고, 교실에서 화단까지의 거리는 803 cm입니다. 강당과 화단 중에서 교실에서 거리가 더 먼 곳은 어디일까요?

( )

⑥ 빨간색 끈의 길이는 2 m 9 cm이고, 파란색 끈의 길이는 261 cm입니다. 빨간색 끈과 파란색 끈 중에서 길이가 더 짧은 끈은 무엇일까요?

( )

7일 두 물건의 길이의 합 구하기

이것만 알자

두 물건의 길이의 합은?
→ m는 m끼리, cm는 cm끼리 더하기

예 털실을 주아는 1 m 27 cm, 효원이는 2 m 41 cm 가지고 있습니다. 두 사람이 가지고 있는 털실의 길이의 합은 몇 m 몇 cm일까요?

(두 사람이 가지고 있는 털실의 길이의 합)
= (주아가 가지고 있는 털실의 길이) + (효원이가 가지고 있는 털실의 길이)

식 1 m 27 cm + 2 m 41 cm = 3 m 68 cm

답 3 m 68 cm

1 은솔이의 높이뛰기 기록은 1 m 15 cm이고, 지유의 높이뛰기 기록은 1 m 20 cm입니다. 두 사람의 높이뛰기 기록의 합은 몇 m 몇 cm일까요?

은솔이의 높이뛰기 기록 / 지유의 높이뛰기 기록

식 1 m 15 cm + 1 m 20 cm = ☐ m ☐ cm

답 ☐ m ☐ cm

2 타조의 키는 2 m 76 cm이고, 코끼리의 키는 3 m 12 cm입니다. 두 동물의 키의 합은 몇 m 몇 cm일까요?

식 ☐ m ☐ cm + ☐ m ☐ cm = ☐ m ☐ cm

답 ☐ m ☐ cm

왼쪽 ①, ②번과 같이 문제의 핵심 부분에 색칠하고,
계산해야 하는 두 길이에 밑줄을 그어 문제를 풀어 보세요.

정답 9쪽

③ 연재가 양팔을 벌린 길이는 1 m 41 cm이고,
예준이가 양팔을 벌린 길이는 1 m 38 cm입니다.
두 사람이 양팔을 벌린 길이의 합은 몇 m 몇 cm
일까요?

식

답

④ 사물함의 길이는 3 m 25 cm이고, 신발장의 길이는 2 m 53 cm입니다.
두 물건의 길이의 합은 몇 m 몇 cm일까요?

식

답

⑤ 기차의 길이는 6 m 30 cm이고, 터널의 길이는 9 m 64 cm입니다.
기차와 터널의 길이의 합은 몇 m 몇 cm일까요?

식

답

8일 전체 길이 구하기

이것만 알자

~에서 ~를 지나 ~까지의 거리는?
➔ 길이의 합 구하기

예 재현이가 학교에서 놀이터를 지나 집까지 간 거리는 몇 m 몇 cm일까요?

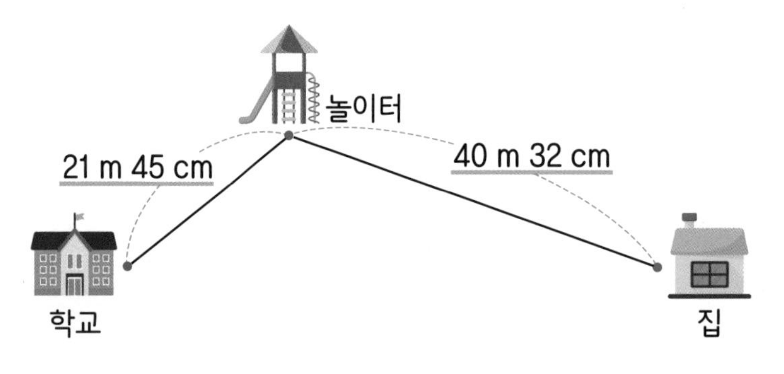

(간 거리)
= (학교에서 놀이터까지의 거리)
+ (놀이터에서 집까지의 거리)

식 21 m 45 cm + 40 m 32 cm = 61 m 77 cm

답 61 m 77 cm

'전체 길이'와 같은 표현이 있으면 길이의 합을 이용해요.

1 색 테이프의 전체 길이는 몇 m 몇 cm일까요?

3 m 42 cm
1 m 43 cm

식 3 m 42 cm + 1 m 43 cm = ☐ m ☐ cm

답 ☐ m ☐ cm

왼쪽 1번과 같이 문제의 핵심 부분에 색칠하고,
계산해야 하는 두 길이에 밑줄을 그어 문제를 풀어 보세요.

정답 9쪽

2 선묵이가 집에서 편의점을 지나 도서관까지 간 거리는 몇 m 몇 cm일까요?

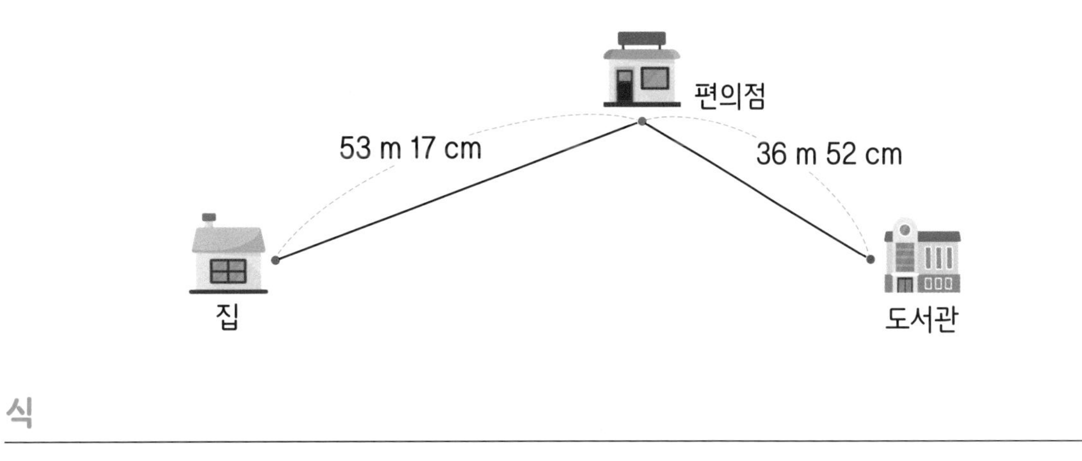

식

답

3 채원이가 운동장에서 굴렁쇠 굴리기 연습을 하였습니다. 굴렁쇠가 굴러간 전체 거리는 몇 m 몇 cm일까요?

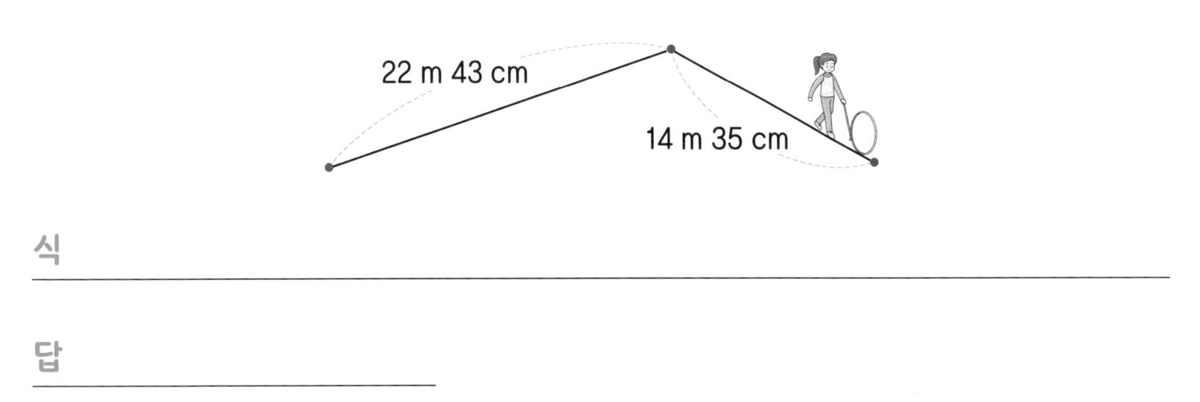

식

답

8일 더 긴(짧은) 길이 구하기

이것만 알자

~보다 ~ 더 깁니다 ➔ 길이의 합 구하기
~보다 ~ 더 짧습니다 ➔ 길이의 차 구하기

예 수빈이의 키는 1 m 32 cm이고, 오빠의 키는 수빈이보다 25 cm 더 큽니다. 오빠의 키는 몇 m 몇 cm일까요?

(오빠의 키) = (수빈이의 키) + 25 cm

식 1 m 32 cm + 25 cm = 1 m 57 cm

답 1 m 57 cm

'~보다 ~ 더 큽니다', '~보다 ~ 더 높습니다'와 같은 표현이 있으면 길이의 합을 이용해요.

1 송현이의 키는 1 m 36 cm이고, 삼촌의 키는 송현이보다 51 cm 더 큽니다. 삼촌의 키는 몇 m 몇 cm일까요?

송현이의 키

식 1 m 36 cm + 51 cm = □ m □ cm

답 □ m □ cm

2 소나무의 키는 5 m 42 cm이고, 은행나무의 키는 소나무보다 1 m 30 cm 더 작습니다. 은행나무의 키는 몇 m 몇 cm일까요?

식  −  =  □ cm

답 

왼쪽 ①, ②번과 같이 문제의 핵심 부분에 색칠하고,
계산해야 하는 두 길이에 밑줄을 그어 문제를 풀어 보세요.

정답 10쪽

③ 방문의 높이는 2 m 10 cm이고, 천장의 높이는 방문의 높이보다 35 cm 더 높습니다. 천장의 높이는 몇 m 몇 cm일까요?

식

답

④ 정연이의 멀리뛰기 기록은 1 m 13 cm이고, 영우는 정연이보다 62 cm 더 길게 뛰었습니다. 영우의 멀리뛰기 기록은 몇 m 몇 cm일까요?

식

답

⑤ 지효의 공 던지기 기록은 3 m 66 cm이고,
민채는 지효보다 1 m 21 cm 더 짧게 던졌습니다.
민채의 공 던지기 기록은 몇 m 몇 cm일까요?

식

답

9일 부분의 길이 구하기

이것만 알자

(남은 부분의 길이)=(전체 길이)−(사용한 부분의 길이)
(사용한 부분의 길이)=(전체 길이)−(남은 부분의 길이)

예 진호는 길이가 7 m 57 cm인 색 테이프를 가지고 있었습니다. 미술 시간에 3 m 42 cm만큼 잘라 사용했습니다. 남은 색 테이프는 몇 m 몇 cm일까요?

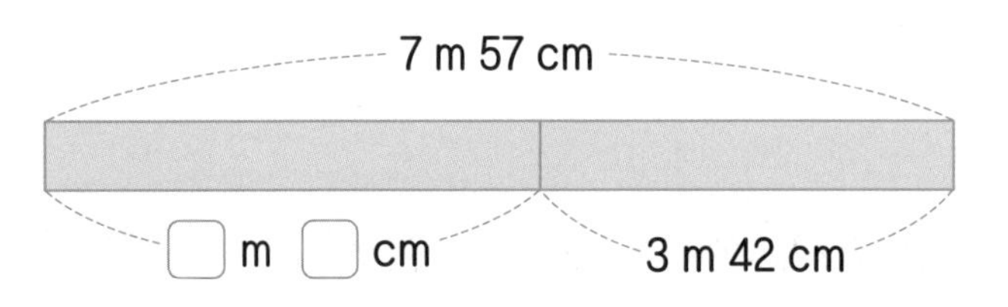

(남은 색 테이프의 길이)
=(처음 색 테이프의 길이)−(사용한 색 테이프의 길이)

식 7 m 57 cm − 3 m 42 cm = 4 m 15 cm

답 4 m 15 cm

1 경태는 길이가 6 m 35 cm인 색 테이프를 가지고 있었습니다. 동생에게 얼마만큼 잘라 주었더니 4 m 10 cm가 남았습니다. 동생에게 준 색 테이프는 몇 m 몇 cm일까요?

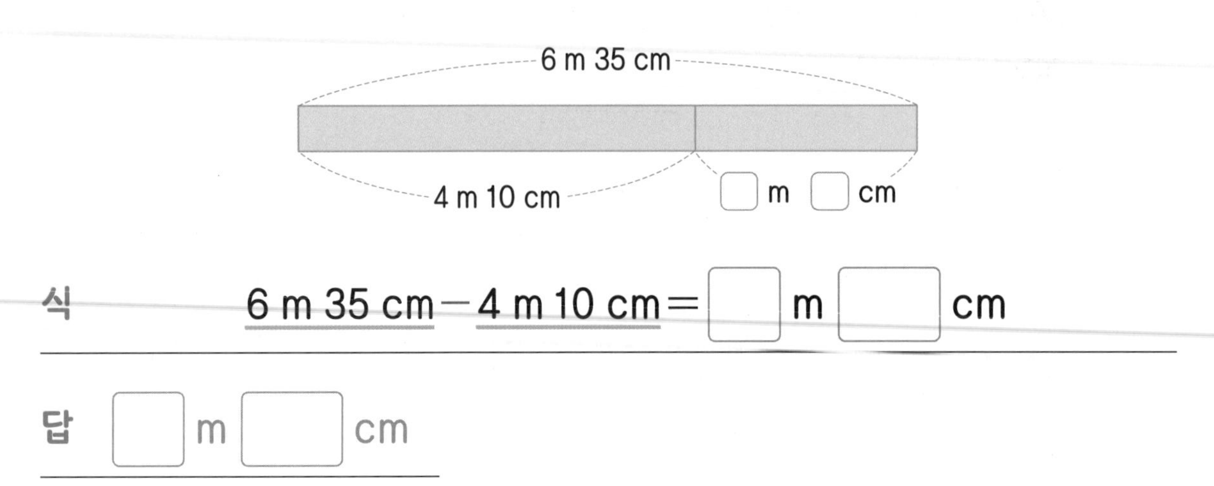

왼쪽 ①번과 같이 문제의 핵심 부분에 색칠하고,
계산해야 하는 두 길이에 밑줄을 그어 문제를 풀어 보세요.

정답 10쪽

② 지연이는 길이가 5 m 86 cm인 끈을 가지고 있었습니다. 친구에게 얼마만큼 잘라 주었더니 2 m 54 cm가 남았습니다. 친구에게 준 끈은 몇 m 몇 cm일까요?

식 ______________________

답 ____________

③ 동헌이는 길이가 8 m 93 cm인 끈을 가지고 있었습니다. 이 끈에서 4 m 62 cm만큼 잘라 사용했습니다. 남은 끈은 몇 m 몇 cm일까요?

식 ______________________

답 ____________

④ 유민이는 길이가 9 m 58 cm인 색 테이프를 가지고 있었습니다. 이 색 테이프로 선물을 포장했더니 3 m 17 cm가 남았습니다. 사용한 색 테이프는 몇 m 몇 cm일까요?

식 ______________________

답 ____________

9일 늘어난 길이 구하기

이것만 알자

처음보다 늘어난 길이는 얼마인가?
→ 길이의 차 구하기

예 길이가 1 m 40 cm인 고무줄이 있습니다. 이 고무줄을 양쪽에서 잡아당겼더니 2 m 90 cm가 되었습니다. 처음보다 늘어난 길이는 몇 m 몇 cm일까요?

(처음보다 늘어난 길이)
= (잡아당긴 후 고무줄의 길이) − (처음 고무줄의 길이)

식 2 m 90 cm − 1 m 40 cm = 1 m 50 cm

답 1 m 50 cm

1 길이가 1 m 75 cm인 고무줄이 있습니다. 이 고무줄을 양쪽에서 잡아당겼더니 2 m 87 cm가 되었습니다. 처음보다 늘어난 길이는 몇 m 몇 cm일까요?

잡아당긴 후 고무줄의 길이 / 처음 고무줄의 길이

식 2 m 87 cm − 1 m 75 cm = ☐ m ☐ cm

답 ☐ m ☐ cm

2 길이가 2 m 14 cm인 용수철이 있습니다. 이 용수철을 양쪽에서 잡아당겼더니 2 m 98 cm가 되었습니다. 처음보다 늘어난 길이는 cm일까요?

식 ☐ m ☐ cm − ☐ m ☐ cm = ☐ cm

답 ☐ cm

왼쪽 ①, ②번과 같이 문제의 핵심 부분에 색칠하고,
계산해야 하는 두 길이에 밑줄을 그어 문제를 풀어 보세요.

정답 11쪽

③ 길이가 3 m 26 cm인 고무줄이 있습니다. 이 고무줄을 양쪽에서 잡아당겼더니 5 m 59 cm가 되었습니다. 처음보다 늘어난 길이는 몇 m 몇 cm일까요?

식 ____________________

답 ____________

④ 길이가 1 m 25 cm인 스펀지가 있습니다. 이 스펀지를 양쪽에서 잡아당겼더니 1 m 68 cm가 되었습니다. 처음보다 늘어난 길이는 몇 cm일까요?

식 ____________________

답 ____________

⑤ 길이가 2 m 12 cm인 용수철이 있습니다. 이 용수철을 양쪽에서 잡아당겼더니 3 m 25 cm가 되었습니다. 처음보다 늘어난 길이는 몇 m 몇 cm일까요?

식 ____________________

답 ____________

10일 두 길이를 비교하여 차 구하기

이것만 알자

~는 ~보다 얼마나 더 긴지(짧은지)
→ 길이의 차 구하기

예 아버지의 키는 1 m 83 cm이고, 효린이의 키는 1 m 23 cm입니다.
아버지는 효린이보다 키가 몇 cm 더 클까요?

(아버지의 키) − (효린이의 키)

식 1 m 83 cm − 1 m 23 cm = 60 cm

답 60 cm

1 빨간색 끈의 길이는 3 m 59 cm이고, 파란색 끈의 길이는 3 m 17 cm입니다.
빨간색 끈은 파란색 끈보다 몇 cm 더 길까요?

빨간색 끈의 길이 / 파란색 끈의 길이

식 3 m 59 cm − 3 m 17 cm = ☐ cm

답 ☐ cm

2 소정이의 키는 1 m 35 cm이고, 어머니의 키는 1 m 66 cm입니다. 소정이는 어머니보다 키가 몇 cm 더 작을까요?

식 ☐ m ☐ cm − ☐ m ☐ cm = ☐ cm

답 ☐ cm

왼쪽 ①, ②번과 같이 문제의 핵심 부분에 색칠하고, 계산해야 하는 두 길이에 밑줄을 그어 문제를 풀어 보세요.

정답 11쪽

③ 철사를 선화는 1 m 58 cm, 석현이는 1 m 35 cm 가지고 있습니다. 선화가 가지고 있는 철사는 석현이가 가지고 있는 철사보다 몇 cm 더 길까요?

식 ____________________

답 ____________________

④ 학교에서 공원까지의 거리는 33 m 45 cm이고, 학교에서 버스정류장까지의 거리는 20 m 14 cm입니다. 학교에서 공원까지의 거리는 학교에서 버스정류장까지의 거리보다 몇 m 몇 cm 더 멀까요?

식 ____________________

답 ____________________

⑤ 집에서 서점까지의 거리는 42 m 21 cm이고, 집에서 우체국까지의 거리는 52 m 67 cm입니다. 집에서 서점까지의 거리는 집에서 우체국까지의 거리보다 몇 m 몇 cm 더 가까울까요?

식 ____________________

답 ____________________

10일 더 가깝게 어림한 것 찾기

이것만 알자

더 가깝게 어림 ➔ 어림한 길이와 실제 길이의 차이가 더 작은 것 찾기

예 길이가 2 m 30 cm인 색 테이프를 보고 승윤이와 주영이가 어림한 것입니다. 실제 길이에 더 가깝게 어림한 사람은 누구일까요?

승윤: 2 m 20 cm 정도 되는 것 같아.
주영: 약 2 m 45 cm야.

승윤: 2 m 30 cm − 2 m 20 cm = 10 cm
주영: 2 m 45 cm − 2 m 30 cm = 15 cm
실제 길이에 더 가깝게 어림한 사람은 승윤입니다.

답 승윤

1 길이가 3 m 45 cm인 고무줄을 보고 도은이는 3 m 55 cm로 어림했고, 태현이는 3 m 40 cm로 어림했습니다. 실제 길이에 더 가깝게 어림한 사람은 누구일까요?

풀이

도은: 3 m 55 cm − 3 m 45 cm = ☐ cm

태현: 3 m 45 cm − 3 m 40 cm = ☐ cm

실제 길이에 더 가깝게 어림한 사람은 ☐입니다.

답 ☐

왼쪽 ❶번과 같이 문제의 핵심 부분에 색칠하고, 문제를 풀어 보세요.

정답 12쪽

❷ 길이가 2 m 50 cm인 털실을 보고 효재와 지원이가 어림한 것입니다. 실제 길이에 더 가깝게 어림한 사람은 누구일까요?

효재: 약 2 m 80 cm 될 거야.
지원: 2 m 15 cm쯤인 거 같아.

풀이

답

❸ 길이가 4 m 35 cm인 철사를 보고 은서와 예지가 어림한 것입니다. 실제 길이에 더 가깝게 어림한 사람은 누구일까요?

은서: 약 4 m 70 cm인 것 같아.
예지: 4 m 10 cm 정도 되는 것 같아.

풀이

답

11일 마무리하기

40쪽

1 돌고래의 몸길이는 1 m 53 cm이고, 바다표범의 몸길이는 149 cm입니다.
돌고래와 바다표범 중에서 몸길이가 더 긴 동물은 무엇일까요?

( )

42쪽

2 끈을 진우는 2 m 34 cm, 세진이는 2 m 62 cm 가지고 있습니다.
두 사람이 가지고 있는 끈의 길이의 합은 몇 m 몇 cm일까요?

( )

44쪽

3 색 테이프의 전체 길이는 몇 m 몇 cm일까요?

4 m 16 cm 2 m 71 cm

( )

46쪽

4 정은이의 키는 1 m 27 cm이고, 언니의 키는 정은이보다 32 cm 더 큽니다.
언니의 키는 몇 m 몇 cm일까요?

( )

정답 12쪽

48쪽

5 동규는 길이가 5 m 89 cm인 리본을 가지고 있었습니다. 이 리본으로 책을 묶는 데 2 m 74 cm만큼 잘라 사용했습니다. 남은 리본은 몇 m 몇 cm일까요?

( )

50쪽

6 길이가 2 m 34 cm인 고무줄이 있습니다. 이 고무줄을 양쪽에서 잡아당겼더니 3 m 75 cm가 되었습니다. 처음보다 늘어난 길이는 몇 m 몇 cm일까요?

( )

7 52쪽 도전 문제

문구점과 서점 중에서 어느 곳이 집에서 몇 m 몇 cm 더 가까울까요?

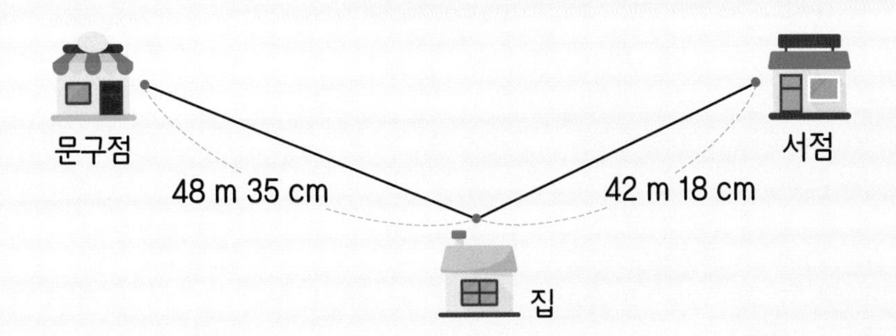

❶ 문구점과 서점 중에서 집에서 더 가까운 곳 → ( )

❷ 위 ❶이 집에서 더 가까운 거리 → □ m □ cm

4 시각과 시간

준비

기본 문제로
문장제 준비하기

12일차

- 시각 읽기
- 시각 구하기

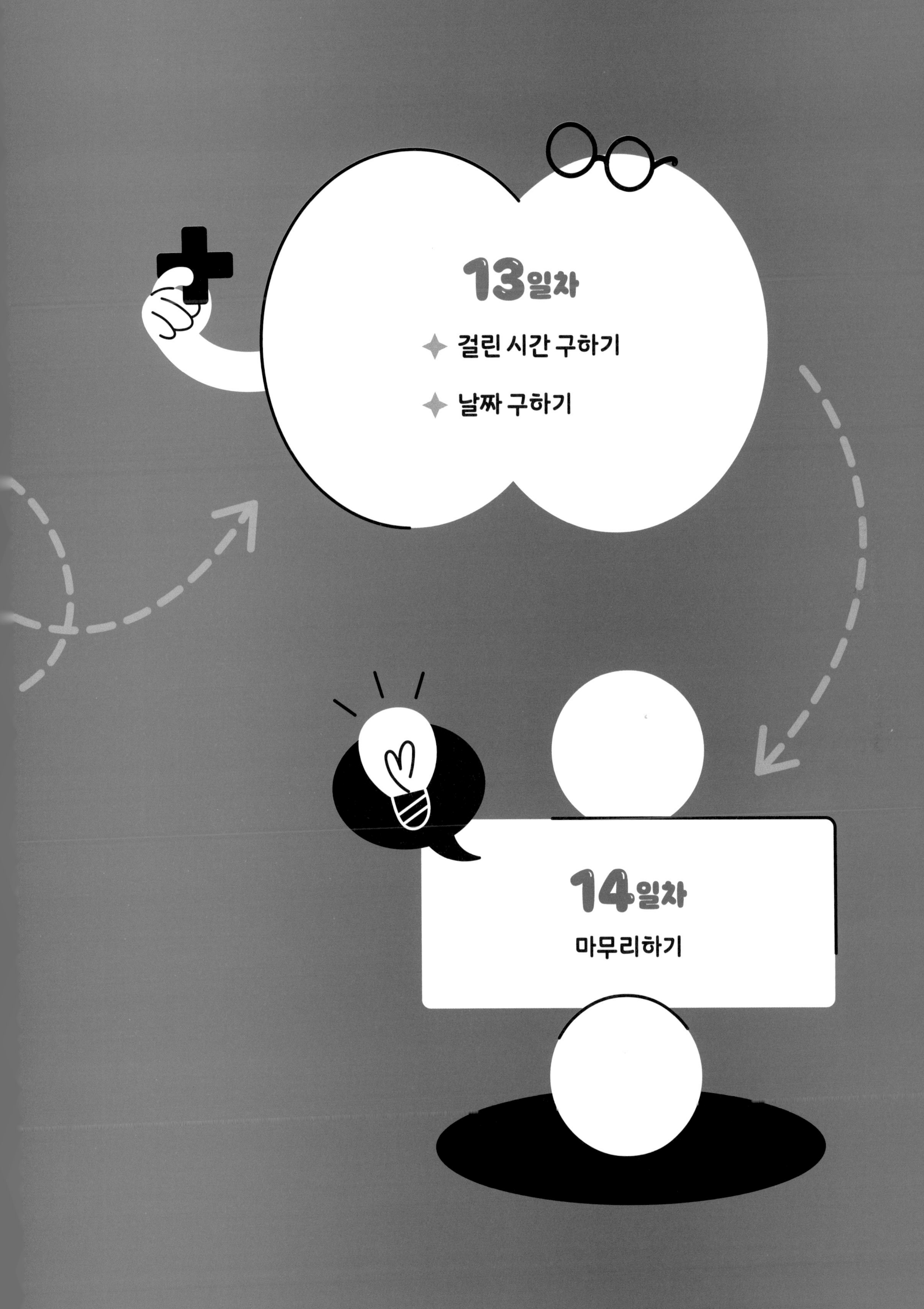
13일차
걸린 시간 구하기
날짜 구하기
14일차
마무리하기

준비 기본 문제로 문장제 준비하기

1 시계에서 각각의 숫자가 몇 분을 나타내는지 써넣으세요.

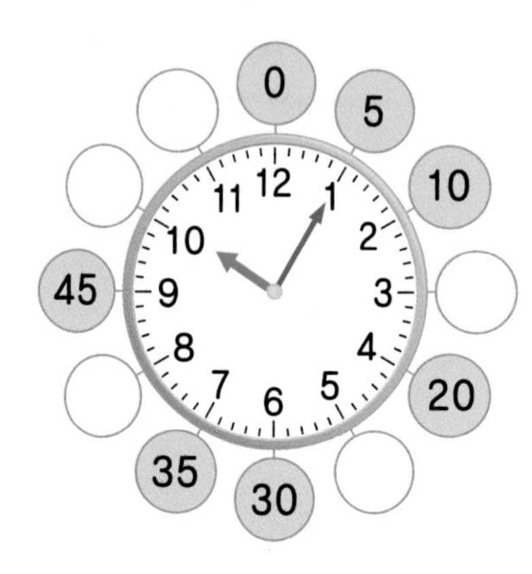

2 시계를 보고 ☐ 안에 알맞은 수를 써넣으세요.

(1) 짧은바늘은 8과 ☐ 사이를 가리키고 있습니다.

(2) 긴바늘은 ☐ 을/를 가리키고 있습니다.

(3) 시계가 나타내는 시각은 ☐ 시 ☐ 분입니다.

3 시각을 써 보세요.

(1)

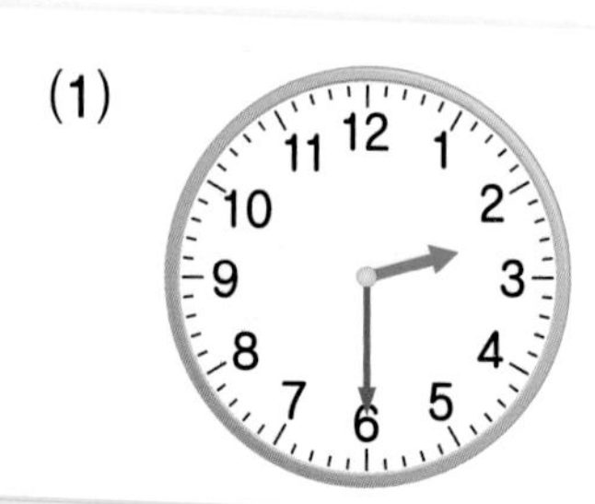

☐ 시 ☐ 분

(2)

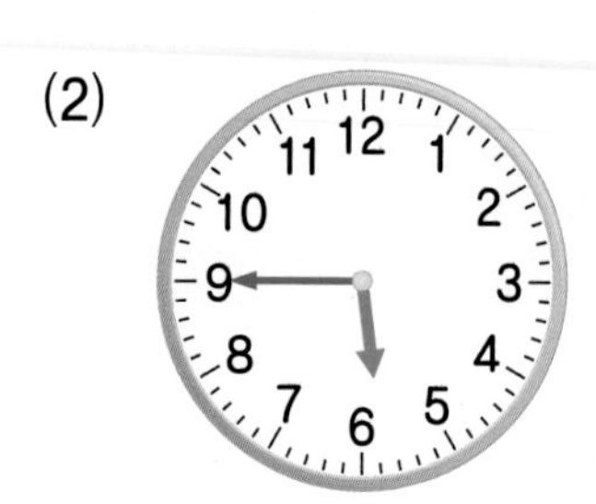

☐ 시 ☐ 분

정답 13쪽

4 여러 가지 방법으로 시계의 시각을 읽어 보려고 합니다. □ 안에 알맞은 수를 써넣으세요.

(1) 시계가 나타내는 시각은 □시 □분입니다.

(2) 2시가 되려면 □분이 더 지나야 합니다.

(3) 이 시각은 □시 □분 전입니다.

5 □ 안에 알맞은 수를 써넣으세요.

(1) 60분 = □시간

(2) 1시간 20분 = □분

(3) 2시간 = □분

(4) 135분 = □시간 □분

6 날수가 같은 달끼리 짝 지은 것에 모두 ○표 하세요.

1월, 6월	4월, 11월	5월, 8월
(　　　)	(　　　)	(　　　)

12일 시각 읽기

이것만 알자

짧은바늘이 10과 11 사이 ➔ 10시
긴바늘이 6에서 작은 눈금 2칸 더 간 곳 ➔ 32분

예 혜원이가 시계를 보았더니 짧은바늘은 10과 11 사이를 가리키고, 긴바늘은 6에서 작은 눈금 2칸 더 간 곳을 가리키고 있습니다. 혜원이가 본 시계가 나타내는 시각은 몇 시 몇 분일까요?

짧은바늘: 10과 11 사이 ⇨ 10시
긴바늘: 6에서 작은 눈금 2칸 더 간 곳 ⇨ 32분
따라서 혜원이가 본 시계가 나타내는 시각은 10시 32분입니다.

답 10시 32분

1 준영이가 시계를 보았더니 짧은바늘은 9와 10 사이를 가리키고, 긴바늘은 3에서 작은 눈금 1칸 더 간 곳을 가리키고 있습니다. 준영이가 본 시계가 나타내는 시각은 몇 시 몇 분일까요?

풀이
짧은바늘: 9와 10 사이 ⇨ □시
긴바늘: 3에서 작은 눈금 1칸 더 간 곳 ⇨ □분
따라서 준영이가 본 시계가 나타내는 시각은 □시 □분입니다.

답 □시 □분

왼쪽 ①번과 같이 문제의 핵심 부분에 색칠하고,
문제를 풀어 보세요.

정답 13쪽

② 의서와 민채가 본 시계의 시각을 써 보세요.

짧은바늘은
7과 8 사이를
가리키고 있어.
?
긴바늘은 11에서
작은 눈금 4칸
더 간 곳을
가리키고 있어.
의서
민채

풀이

답

③ 서안이와 예준이가 본 시계의 시각을 써 보세요.

긴바늘은 8에서
작은 눈금 3칸
더 간 곳을
가리키고 있어.
?
짧은바늘은
4와 5 사이를
가리키고 있어.
서안
예준

풀이

답

12일 시각 구하기

이것만 알자

끝나는 시각은? ➔ 시작 시각에서 걸린 시간만큼 지난 후의 시각 구하기

예 2교시 수업이 끝나는 시각은 몇 시 몇 분일까요?

수업 시간표

[1교시] 9:00~9:40(40분)

[2교시] 9:50~ ? (40분)

9시 50분 —10분 후→ 10시 —30분 후→ 10시 30분

따라서 2교시 수업이 끝나는 시각은 10시 30분입니다.

답 10시 30분

시작 시각은 끝나는 시각에서 걸린 시간만큼 지나기 전의 시각을 구해요.

1 정빈이는 삼촌 댁에 가기 위해 10시 30분에 버스를 탔습니다. 45분 후 버스에서 내렸다면 정빈이가 버스에서 내린 시각은 몇 시 몇 분일까요?

( )

2 현성이는 공원에서 친구들을 만나 1시간 20분 동안 같이 놀다가 3시 40분에 헤어졌습니다. 현성이가 친구들을 만난 시각은 몇 시 몇 분일까요?

( )

**왼쪽 ❶, ❷번과 같이 문제의 핵심 부분에 색칠하고,
문제를 풀어 보세요.**

정답 14쪽

3 핸드볼 경기 후반전이 끝나는 시각은 몇 시 몇 분일까요?

핸드볼 경기 시간표

[전반전] 2:00~2:30(30분)
[후반전] 2:40~ ? (30분)

( )

4 유찬이는 150분 동안 영화를 봤습니다. 영화가 끝난 시각이 11시 50분이라면 영화가 시작한 시각은 몇 시 몇 분일까요?

( )

5 주원이는 1시간 40분 동안 공연을 봤습니다. 공연이 끝난 시각이 6시 15분이라면 공연이 시작한 시각은 몇 시 몇 분일까요?

( )

13일 걸린 시간 구하기

이것만 알자

걸린 시간은? ➔ 시작 시각에서 몇 시간 몇 분이 지나야 끝나는 시각이 되는지 구하기

예 어린이 연극이 시작한 시각과 끝난 시각을 나타낸 것입니다. 어린이 연극을 공연한 시간은 몇 시간 몇 분일까요?

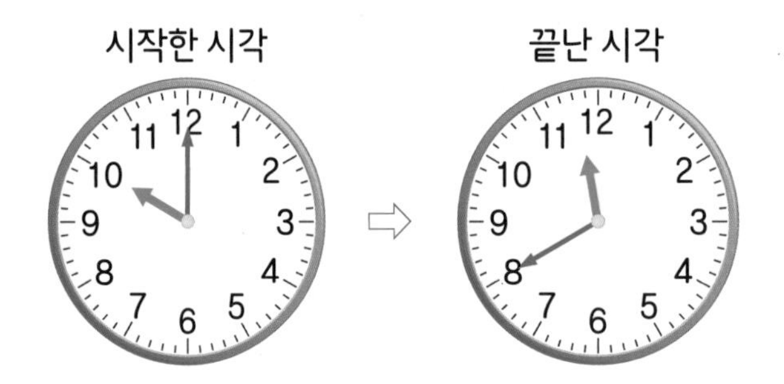

시작한 시각: 10시, 끝난 시각: 11시 40분

10시 —1시간 후→ 11시 —40분 후→ 11시 40분

따라서 어린이 연극을 공연한 시간은 1시간 40분입니다.

답 1시간 40분

1 윤서가 독서를 시작한 시각과 끝낸 시각을 나타낸 것입니다. 독서를 한 시간은 몇 시간 몇 분일까요?

( )

왼쪽 ❶번과 같이 문제의 핵심 부분에 색칠하고,
문제를 풀어 보세요.

정답 14쪽

❷ 현우가 놀이공원에 들어간 시각과 놀이공원에서 나온 시각을 나타낸 것입니다. 놀이공원에 있었던 시간은 몇 시간 몇 분일까요?

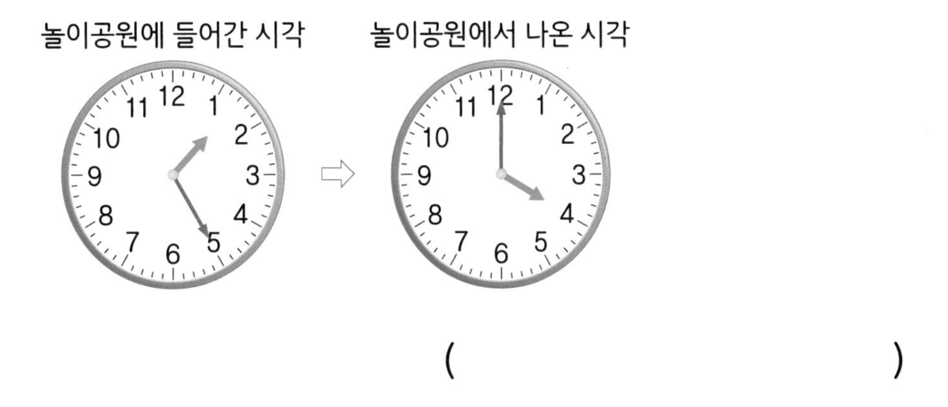

( )

❸ 연준이가 수영 강습을 시작한 시각과 끝낸 시각을 나타낸 것입니다. 수영 강습을 한 시간은 몇 시간 몇 분일까요?

( )

13일 날짜 구하기

이것만 알자 **17일에서 13일 후는? ➔ (17+13)일**

예 어느 해의 4월 달력입니다. 4월 17일에서 13일 후는 몇 월 며칠일까요?

4월

일	월	화	수	목	금	토
	1	2	3	4	5	6
7	8	9	10	11	12	13
14	15	16	17	18	19	20
21	22	23	24	25	26	27
28	29	30				

17일에서 13일 후는
17 + 13 = 30(일)입니다.
따라서 4월 17일에서 13일 후는
4월 30일입니다.

답 4월 30일

17일에서 13일 전은
(17－13)일이에요.

1 어느 해의 6월 달력입니다. 6월 20일에서 4일 전은 몇 월 며칠일까요?

6월

일	월	화	수	목	금	토
				1	2	3
4	5	6	7	8	9	10
11	12	13	14	15	16	17
18	19	20	21	22	23	24
25	26	27	28	29	30	

( )

왼쪽 ①번과 같이 문제의 핵심 부분에 색칠하고,
문제를 풀어 보세요.

정답 15쪽

② 어느 해의 7월 달력입니다. 7월 3일에서 18일 후는 몇 월 며칠일까요?

7월

일	월	화	수	목	금	토
			1	2	3	4
5	6	7	8	9	10	11
12	13	14	15	16	17	18
19	20	21	22	23	24	25
26	27	28	29	30	31	

(　　　　　　　　　　)

③ 어느 해의 11월 달력입니다. 11월 10일에서 5일 전은 몇 월 며칠일까요?

11월

일	월	화	수	목	금	토
				1	2	3
4	5	6	7	8	9	10
11	12	13	14	15	16	17
18	19	20	21	22	23	24
25	26	27	28	29	30	

(　　　　　　　　　　)

14일 마무리하기

62쪽

1 가연이와 은찬이가 본 시계의 시각을 써 보세요.

긴바늘은 10에서 작은 눈금 1칸 더 간 곳을 가리키고 있어.
짧은바늘은 6과 7 사이를 가리키고 있어.
가연
은찬

( )

64쪽

2 소현이가 9시 10분에 수족관에 도착했더니 이미 15분 전에 돌고래쇼가 시작하였습니다. 돌고래쇼가 시작한 시각은 몇 시 몇 분일까요?

( )

66쪽

3 동혁이가 학원에 들어간 시각과 학원에서 나온 시각을 나타낸 것입니다. 학원에 있었던 시간은 몇 시간 몇 분일까요?

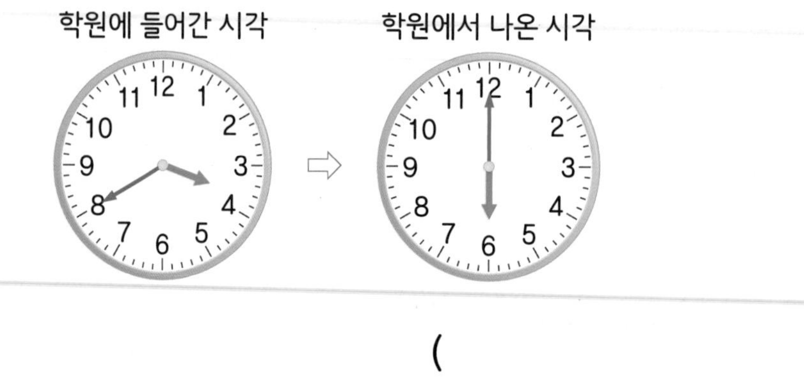

( )

정답 15쪽

68쪽

4 어느 해의 10월 달력입니다. 10월 8일에서 16일 후는 몇 월 며칠일까요?

10월

일	월	화	수	목	금	토
1	2	3	4	5	6	7
8	9	10	11	12	13	14
15	16	17	18	19	20	21
22	23	24	25	26	27	28
29	30	31				

( )

5 64쪽 도전 문제

어느 축구 경기가 4시에 시작하였습니다. 후반전 경기가 끝나는 시각은 몇 시 몇 분일까요?

전반전 경기 시간	45분
휴식 시간	15분
후반전 경기 시간	45분

❶ 전반전 경기가 끝나는 시각 → ( )

❷ 후반전 경기가 시작하는 시각 → ( )

❸ 후반전 경기가 끝나는 시각 → ( )

5 표와 그래프

준비

기본 문제로
문장제 준비하기

15일차

✦ 표로 나타내기

✦ 그래프로 나타내기

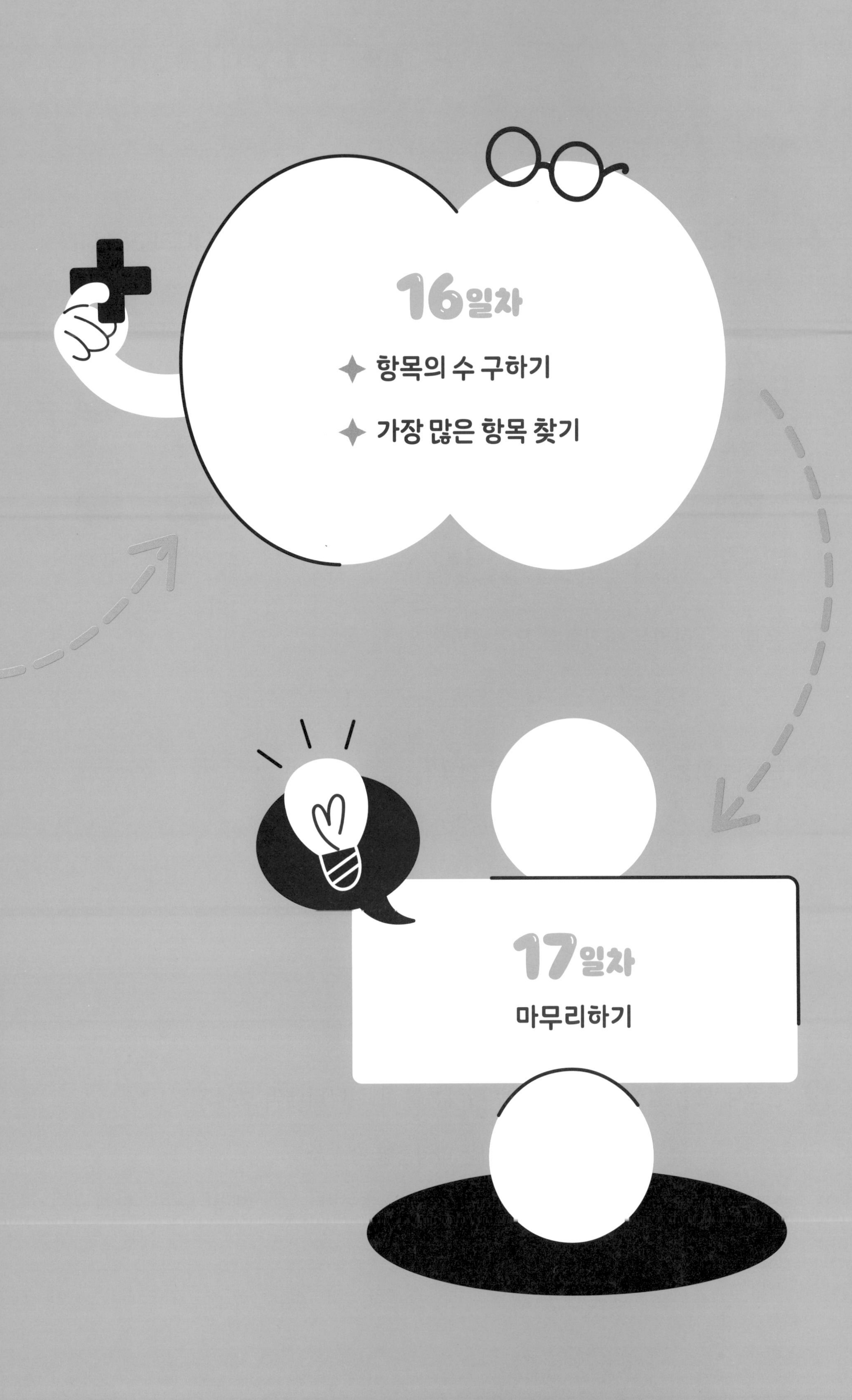
16일차
항목의 수 구하기
가장 많은 항목 찾기
17일차
마무리하기

기본 문제로 문장제 준비하기

✦ **은호네 모둠 학생들이 좋아하는 마카롱을 조사하여 표로 나타내려고 합니다. 물음에 답하세요.**

학생들이 좋아하는 마카롱

딸기(은호), 레몬(민서), 초코(인국), 체리(소원)

은호	민서	주윤	인국	소원	규민	호연	아영
건희	민선	시현	경필	주아	효석	세은	은솔

1 은호가 좋아하는 마카롱은 무엇일까요?

( )

2 은호네 모둠 학생은 모두 몇 명일까요?

( )

3 자료를 보고 빈칸에 학생들의 이름을 써넣으세요.

딸기		레몬	
초콜릿		체리	

4 은호네 모둠 학생들이 좋아하는 마카롱을 표로 나타내어 보세요.

좋아하는 마카롱별 학생 수

마카롱	딸기	레몬	초콜릿	체리	합계
학생 수(명)					

정답 16쪽

5 지현이네 모둠 학생들이 받고 싶은 학용품을 조사하여 표로 나타내었습니다. 그래프로 나타내는 순서대로 기호를 써 보세요.

받고 싶은 학용품별 학생 수

학용품	공책	연필	지우개	필통	합계
학생 수(명)	4	1	2	3	10

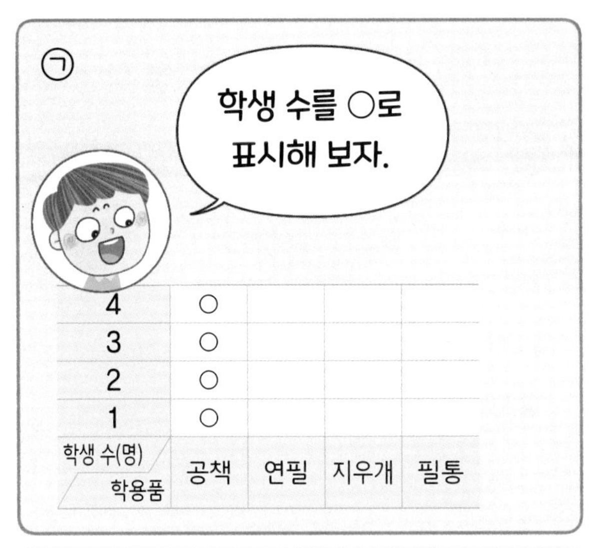

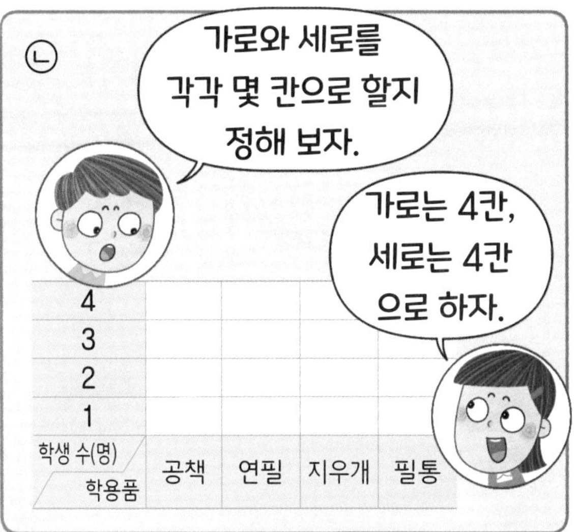

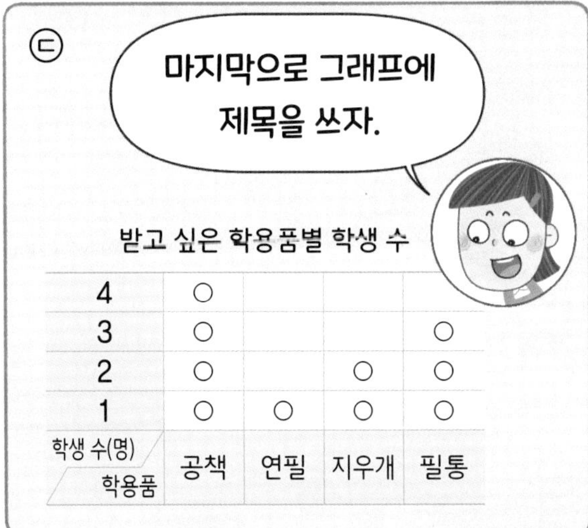

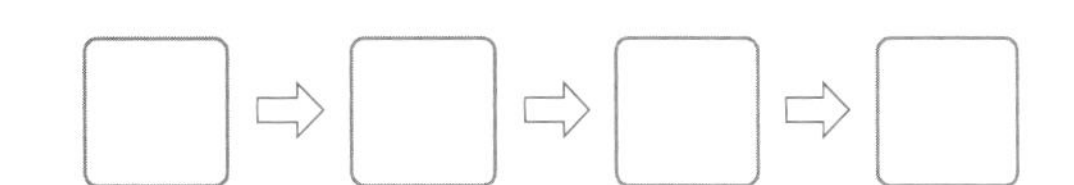

15일 표로 나타내기

이것만 알자

표로 나타내어

→ 자료에 있는 각 항목의 수를 세어 표로 나타내기

예 아라네 모둠 학생들이 좋아하는 색깔을 조사한 것을 보고 표로 나타내어 보세요.

학생들이 좋아하는 색깔

아라	혜원	채은	리아
민채	수진	시현	윤서
재서	경진	유수	승기

좋아하는 색깔별 학생 수

색깔	빨강	노랑	초록	합계
학생 수 (명)	3	5	4	12

색깔별로 빠뜨리거나 두 번 세지 않도록 표시를 하면서 세어 표의 빈칸에 씁니다.

1 선우네 모둠 학생들이 좋아하는 과일을 조사한 것을 보고 표로 나타내어 보세요.

학생들이 좋아하는 과일

선우	서현	현선	동혁
희재	예슬	지성	다연
민채	가온	효린	민열

좋아하는 과일별 학생 수

과일	사과	귤	배	합계
학생 수 (명)				

왼쪽 ①번과 같이 문제의 핵심 부분에 색칠하고, 문제를 풀어 보세요.

정답 16쪽

2 희재네 모둠 학생들이 좋아하는 운동을 조사한 것을 보고 표로 나타내어 보세요.

학생들이 좋아하는 운동

희재	세진	소윤	동연
경환	서연	예린	준서
가연	채윤	민종	지민

좋아하는 운동별 학생 수

운동	달리기	줄넘기	수영	합계
학생 수 (명)				

3 리듬을 보고 음표의 수를 표로 나타내어 보세요.

음표 수

음표	♪	♩	𝅗𝅥	합계
음표 수(개)				

15일 그래프로 나타내기

이것만 알자

그래프로 나타내어
➔ 항목별 수만큼 ○를 이용하여 나타내기

예 민준이네 모둠 학생들이 좋아하는 채소를 조사하여 나타낸 표를 보고 ○를 이용하여 그래프로 나타내어 보세요.

좋아하는 채소별 학생 수

채소	오이	당근	양파	합계
학생 수(명)	3	4	2	9

좋아하는 채소별 학생 수

4		○	
3	○	○	
2	○	○	○
1	○	○	○
학생 수(명) / 채소	오이	당근	양파

좋아하는 채소별 학생 수만큼 ○를 한 칸에 하나씩, 아래에서 위로 빈칸 없이 채워서 표시합니다.

그래프를 그릴 때 ×, /과 같이 다른 기호를 사용할 수도 있어요.

1 미정이네 모둠 학생들이 좋아하는 간식을 조사하여 나타낸 표를 보고 ○를 이용하여 그래프로 나타내어 보세요.

좋아하는 간식별 학생 수

간식	김밥	떡볶이	핫도그	합계
학생 수(명)	4	3	3	10

좋아하는 간식별 학생 수

4			
3			
2			
1			
학생 수(명) / 간식	김밥	떡볶이	핫도그

왼쪽 ①번과 같이 문제의 핵심 부분에 색칠하고,
문제를 풀어 보세요.

정답 17쪽

2 유겸이네 모둠 학생들이 좋아하는 곤충을 조사하여 나타낸 표를 보고 ◯를 이용하여 그래프로 나타내어 보세요.

좋아하는 곤충별 학생 수

곤충	나비	벌	개미	합계
학생 수(명)	5	3	4	12

좋아하는 곤충별 학생 수

6			
5			
4			
3			
2			
1			
학생 수(명) / 곤충	나비	벌	개미

3 동헌이네 모둠 학생들이 가고 싶은 장소를 조사하여 나타낸 표를 보고 ◯를 이용하여 그래프로 나타내어 보세요.

가고 싶은 장소별 학생 수

장소	산	바닷가	놀이 공원	합계
학생 수(명)	3	5	6	14

가고 싶은 장소별 학생 수

6			
5			
4			
3			
2			
1			
학생 수(명) / 장소	산	바닷가	놀이 공원

16일 항목의 수 구하기

이것만 알자

모르는 항목의 수는?
➔ 합계에서 다른 항목의 수 빼기

예 혜교네 반 학생들이 좋아하는 과일을 조사하여 표로 나타내었습니다.
수박을 좋아하는 학생은 몇 명일까요?

좋아하는 과일별 학생 수

과일	사과	참외	수박	망고	키위	합계
학생 수(명)	5	2		7	4	21

(수박을 좋아하는 학생 수)
= (합계) − (사과) − (참외) − (망고) − (키위)
= 21 − 5 − 2 − 7 − 4 = 3(명)

답 3명

1 승호네 반 학생들이 가고 싶은 나라를 조사하여 표로 나타내었습니다.
캐나다에 가고 싶은 학생은 몇 명일까요?

가고 싶은 나라별 학생 수

나라	일본	중국	미국	캐나다	독일	합계
학생 수(명)	7	1	6		5	23

(명)

왼쪽 ①번과 같이 문제의 핵심 부분에 색칠하고, 문제를 풀어 보세요.

정답 17쪽

② 현아네 반 학생들이 키우고 있는 반려동물을 조사하여 표로 나타내었습니다. 고양이를 키우고 있는 학생은 몇 명일까요?

키우고 있는 반려동물별 학생 수

반려동물	강아지	고양이	햄스터	도마뱀	거북	합계
학생 수(명)	6		7	1	3	22

(　　　　　　　　)

③ 주원이네 반 학생들이 배우고 싶은 악기를 조사하여 표로 나타내었습니다. 피아노를 배우고 싶은 학생은 몇 명일까요?

배우고 싶은 악기별 학생 수

악기	피아노	바이올린	첼로	플루트	마림바	합계
학생 수(명)		8	4	5	1	25

(　　　　　　　　)

④ 창준이네 반 학생들의 장래 희망을 조사하여 표로 나타내었습니다. 연예인이 되고 싶은 학생은 몇 명일까요?

장래 희망별 학생 수

장래 희망	의사	선생님	연예인	변호사	운동선수	합계
학생 수(명)	9	2		5	3	24

(　　　　　　　　)

16일 가장 많은 항목 찾기

이것만 알자

가장 많은 항목은?
➔ ○의 수가 가장 많은 항목 구하기

예 민채네 반 학생들의 취미를 조사하여 나타낸 그래프입니다. 가장 많은 학생들의 취미는 무엇일까요?

취미별 학생 수

3				○	
2		○	○	○	
1	○	○	○	○	○
학생 수(명) / 취미	독서	음악 감상	게임	운동	등산

그래프에서 ○의 수가 가장 많은 취미는 운동입니다.

답 운동

가장 적은 항목은 ○의 수가 가장 적은 항목을 구해요.

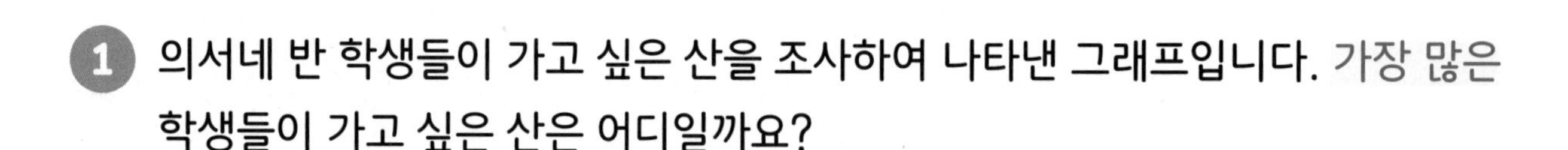

1 의서네 반 학생들이 가고 싶은 산을 조사하여 나타낸 그래프입니다. 가장 많은 학생들이 가고 싶은 산은 어디일까요?

가고 싶은 산별 학생 수

4		○			
3		○		○	
2	○	○		○	○
1	○	○	○	○	○
학생 수(명) / 산	한라산	백두산	북한산	설악산	지리산

(　　　　　　　)

왼쪽 ①번과 같이 문제의 핵심 부분에 색칠하고,
문제를 풀어 보세요.

정답 18쪽

② 동욱이가 3월부터 7월까지 비 온 날을 조사하여 나타낸 그래프입니다.
비 온 날이 가장 많은 달은 몇 월일까요?

월별 비 온 날수

7				○	
6				○	○
5			○	○	○
4	○		○	○	○
3	○	○	○	○	○
2	○	○	○	○	○
1	○	○	○	○	○
날수(일) / 월	3월	4월	5월	6월	7월

( )

③ 태희네 반 학생들이 받고 싶은 생일 선물을 조사하여 나타낸 그래프입니다.
가장 적은 학생들이 받고 싶은 생일 선물은 무엇일까요?

받고 싶은 생일 선물별 학생 수

7	○				
6	○			○	
5	○		○	○	○
4	○	○	○	○	○
3	○	○	○	○	○
2	○	○	○	○	○
1	○	○	○	○	○
학생 수(명) / 선물	휴대 전화	책	학용품	옷	장난감

( )

17일 마무리하기

76쪽

1 미애네 모둠 학생들이 좋아하는 민속놀이를 조사한 것을 보고 표로 나타내어 보세요.

학생들이 좋아하는 민속 놀이

미애	정우	연준	지효
한별	수빈	도영	응석
지우	영식	진영	시현

좋아하는 민속 놀이별 학생 수

민속 놀이	윷놀이	연날리기	제기차기	합계
학생 수 (명)				

78쪽

2 유선이네 모둠 학생들이 가고 싶은 체험 학습 장소를 조사하여 나타낸 표를 보고 ◯를 이용하여 그래프로 나타내어 보세요.

가고 싶은 체험 학습 장소별 학생 수

장소	과학관	식물관	박물관	합계
학생 수(명)	6	2	3	11

가고 싶은 체험 학습 장소별 학생 수

6			
5			
4			
3			
2			
1			
학생 수(명) / 장소	과학관	식물관	박물관

정답 18쪽

80쪽

3 하정이네 반 학생들이 읽고 싶은 책을 조사하여 표로 나타내었습니다. 역사책을 읽고 싶은 학생은 몇 명일까요?

읽고 싶은 책별 학생 수

책	동시집	과학책	위인전	동화책	역사책	합계
학생 수(명)	4	5	3	8		26

( )

4 82쪽 도전 문제

지성이네 반 학생들이 좋아하는 꽃을 조사하여 나타낸 그래프입니다. 가장 많은 학생들이 좋아하는 꽃과 가장 적은 학생들이 좋아하는 꽃을 좋아하는 학생 수의 합은 몇 명일까요?

좋아하는 꽃별 학생 수

5		○			
4	○	○			○
3	○	○		○	○
2	○	○	○	○	○
1	○	○	○	○	○
학생 수(명) / 꽃	개나리	진달래	목련	수선화	유채

❶ 가장 많은 학생들이 좋아하는 꽃 → ( )

❷ 가장 적은 학생들이 좋아하는 꽃 → ( )

❸ 위 ❶과 ❷를 좋아하는 학생 수의 합 → ( )

6 규칙 찾기

준비

기본 문제로
문장제 준비하기

18일차

- 무늬 완성하기
- 쌓기나무의 수 구하기

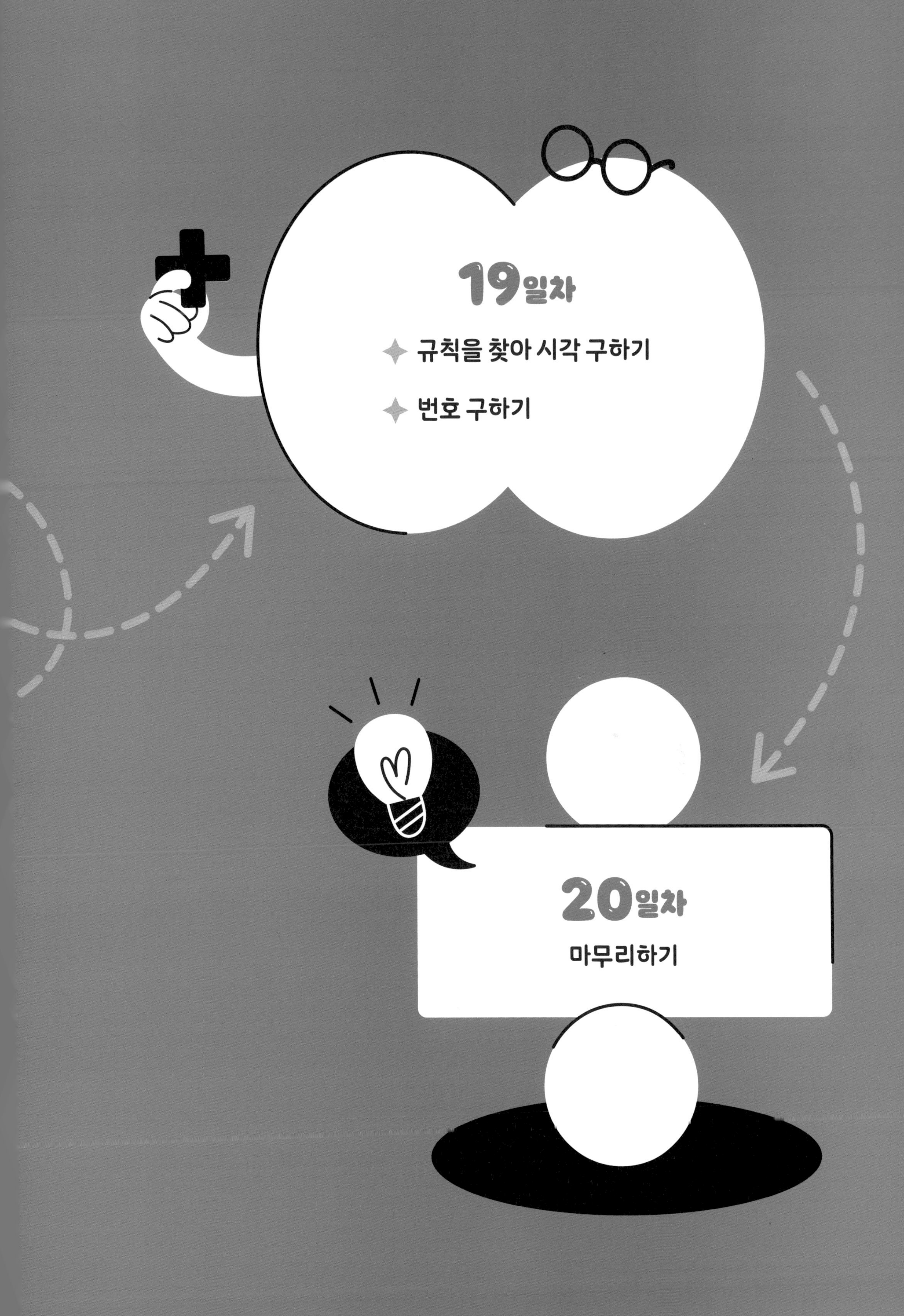
19일차
규칙을 찾아 시각 구하기
번호 구하기
20일차
마무리하기

준비 기본 문제로 문장제 준비하기

✦ 덧셈표를 보고 물음에 답하세요.

+	0	1	2	3	4	5
0	0	1	2	3	4	5
1	1	2	3	4	5	6
2	2	3	4	5	6	7
3	3	4	5	6	7	
4	4	5	6	7		
5	5	6	7	8	9	

1 빈칸에 알맞은 수를 써넣으세요.

2 ▭으로 칠해진 수의 규칙을 찾아 써 보세요.

규칙 5부터 시작하여 오른쪽으로 갈수록 ☐씩 커지는 규칙이 있습니다.

3 ▭으로 칠해진 수의 규칙을 찾아 써 보세요.

규칙 3부터 시작하여 아래쪽으로 내려갈수록 ☐씩 커지는 규칙이 있습니다.

4 ▭으로 칠해진 수의 규칙을 찾아 써 보세요.

규칙 1부터 시작하여 ↘ 방향으로 갈수록 ☐씩 커지는 규칙이 있습니다.

정답 19쪽

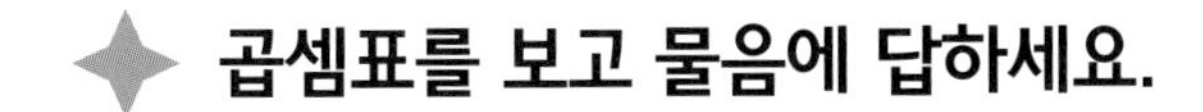

곱셈표를 보고 물음에 답하세요.

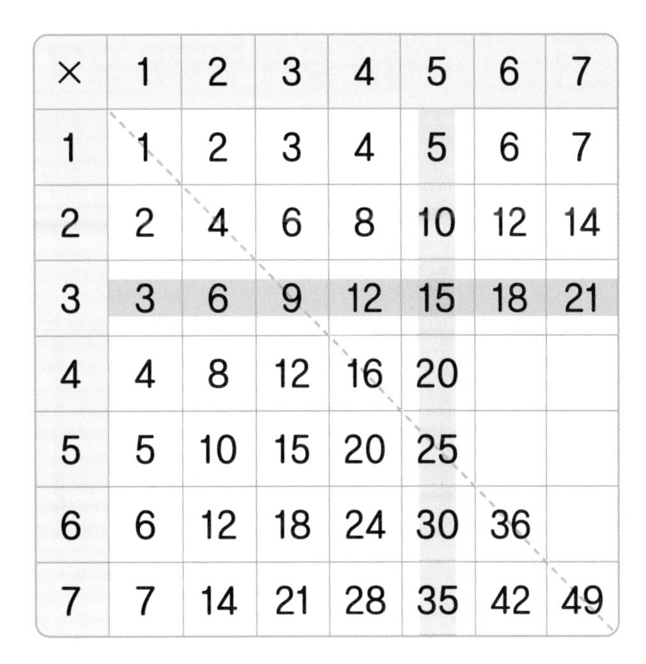

×	1	2	3	4	5	6	7
1	1	2	3	4	5	6	7
2	2	4	6	8	10	12	14
3	3	6	9	12	15	18	21
4	4	8	12	16	20		
5	5	10	15	20	25		
6	6	12	18	24	30	36	
7	7	14	21	28	35	42	49

5 빈칸에 알맞은 수를 써넣으세요.

6 ▭으로 칠해진 수의 규칙을 찾아 써 보세요.

규칙 3부터 시작하여 오른쪽으로 갈수록 ☐씩 커지는 규칙이 있습니다.

7 ▭으로 칠해진 수의 규칙을 찾아 써 보세요.

규칙 5부터 시작하여 아래쪽으로 내려갈수록 ☐씩 커지는 규칙이 있습니다.

8 곱셈표를 초록색 점선을 따라 접었을 때 만나는 수는 서로 같을까요?

( )

공부한 날짜 월 일

18일 무늬 완성하기

이것만 알자

규칙을 찾아 알맞은 모양
➔ 주어진 무늬에서 규칙에 맞게 무늬 완성하기

예 규칙을 찾아 빈칸에 알맞은 모양을 그려 보세요.

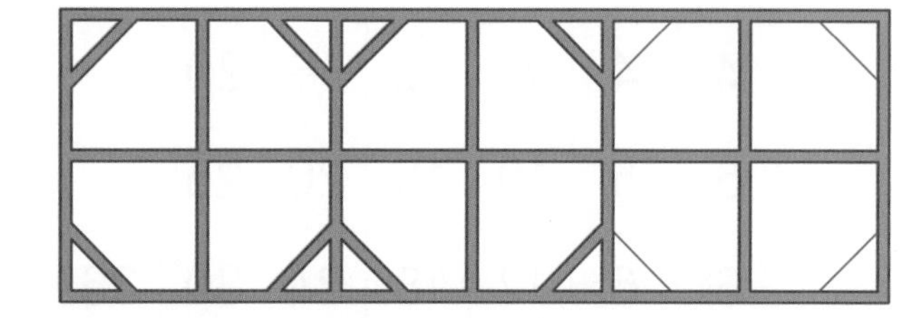

를 시계 방향으로 돌려 가면서 4개를 놓은 규칙이 있습니다.

1 규칙을 찾아 빈칸에 알맞은 모양을 그려 보세요.

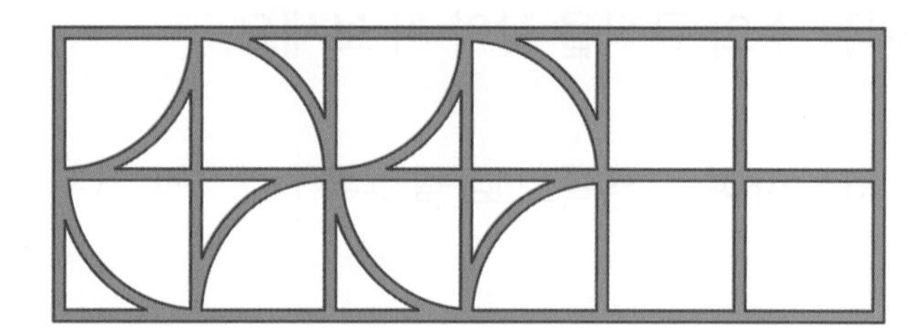

2 규칙을 찾아 삼각형 안에 •을 알맞게 그려 보세요.

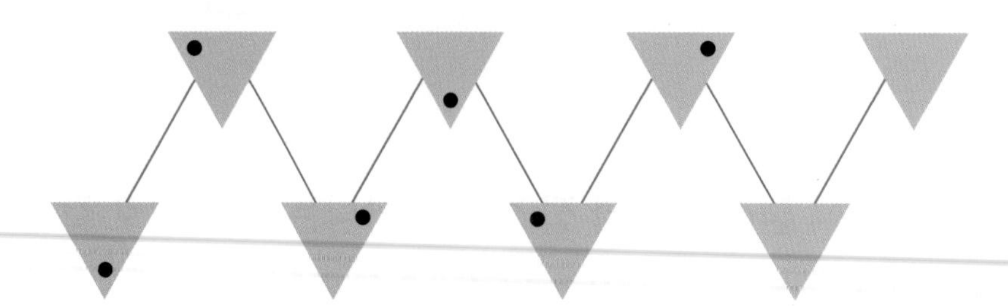

왼쪽 ①, ②번과 같이 문제의 핵심 부분에 색칠하고,
문제를 풀어 보세요.

정답 19쪽

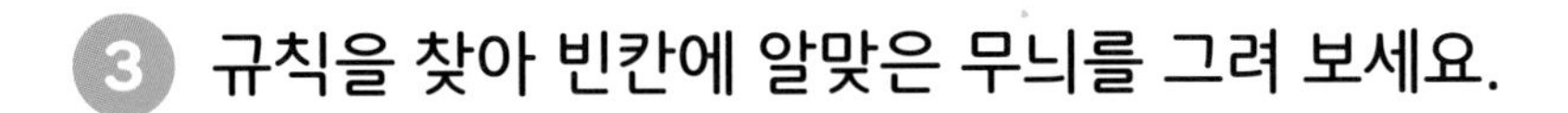

3 규칙을 찾아 빈칸에 알맞은 무늬를 그려 보세요.

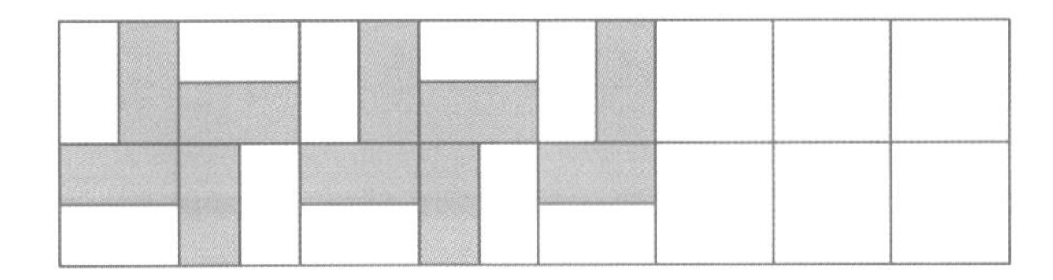

4 규칙을 찾아 사각형 안에 •을 알맞게 그려 보세요.

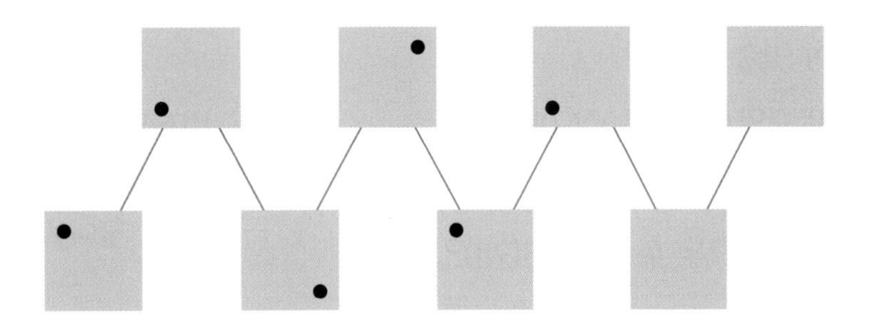

5 규칙을 찾아 ▢ 안에 알맞은 모양을 그려 보세요.

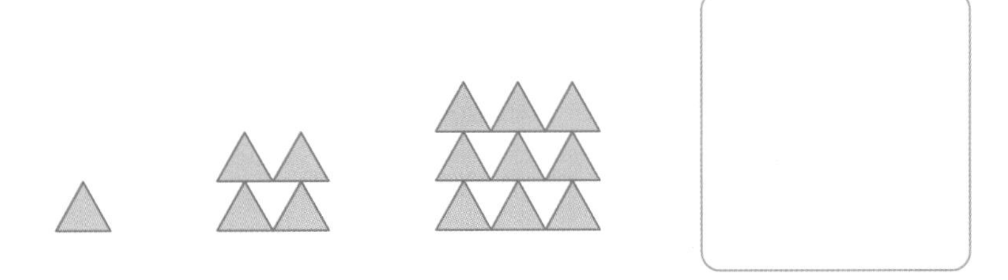

18일 쌓기나무의 수 구하기

이것만 알자

쌓기나무는 모두 몇 개인가?
➔ 쌓기나무의 수가 변하는 규칙 찾기

예 규칙에 따라 쌓기나무를 쌓았습니다. 다음에 이어질 모양에 쌓을 쌓기나무는 모두 몇 개일까요?

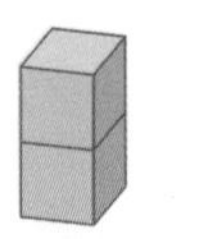  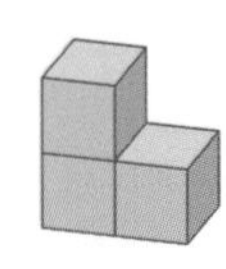  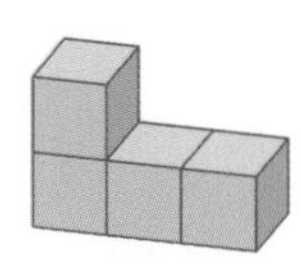

쌓기나무가 오른쪽에 1개씩 늘어나는 규칙이 있습니다.
마지막 모양에 쌓은 쌓기나무가 4개이므로 다음에 이어질 모양에 쌓을 쌓기나무는 모두 $4 + 1 = 5$(개)입니다.

답 5개

변하는 모양, 개수 등을 살펴보고 쌓기나무를 쌓은 규칙을 찾아봐요.

1 규칙에 따라 쌓기나무를 쌓았습니다. 다음에 이어질 모양에 쌓을 쌓기나무는 모두 몇 개일까요?

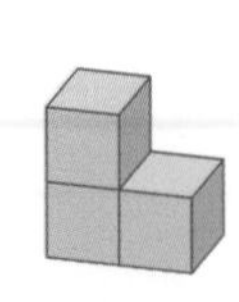  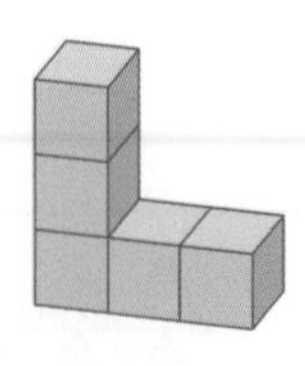  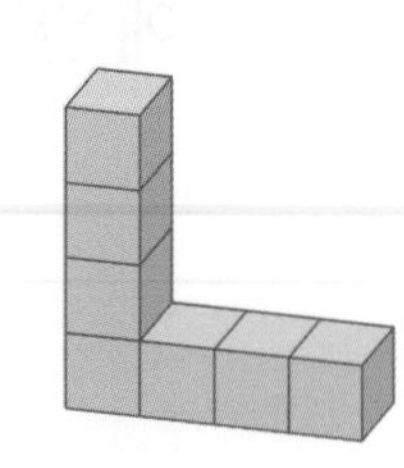

(개)

왼쪽 ①번과 같이 문제의 핵심 부분에 색칠하고,
문제를 풀어 보세요.

정답 20쪽

2 규칙에 따라 쌓기나무를 쌓았습니다. 다음에 이어질 모양에 쌓을 쌓기나무는 모두 몇 개일까요?

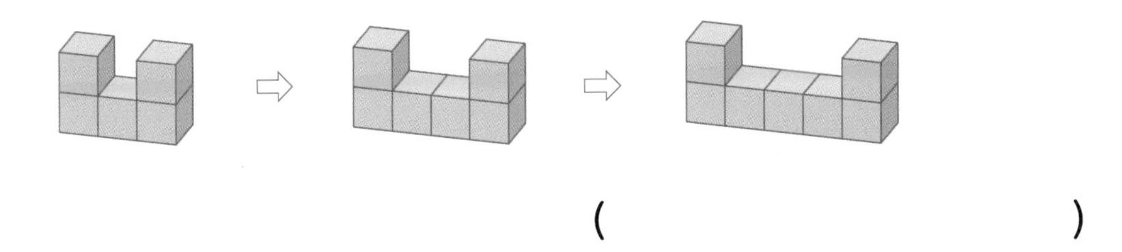

( )

3 규칙에 따라 쌓기나무를 쌓았습니다. 다음에 이어질 모양에 쌓을 쌓기나무는 모두 몇 개일까요?

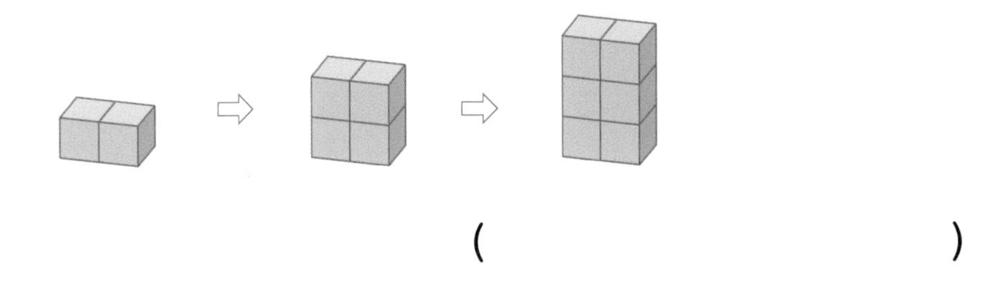

( )

4 규칙에 따라 쌓기나무를 쌓았습니다. 다음에 이어질 모양에 쌓을 쌓기나무는 모두 몇 개일까요?

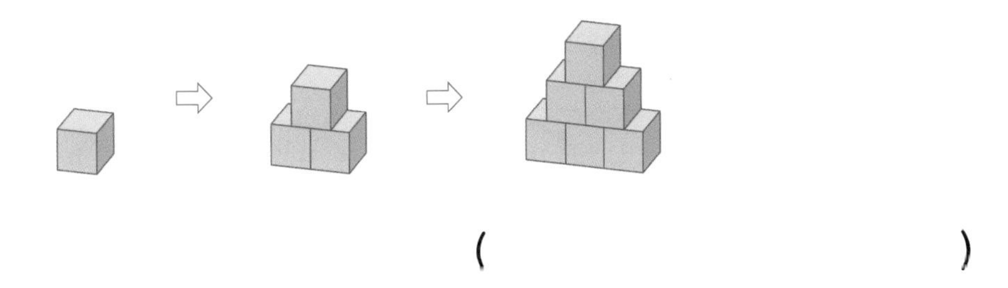

( )

공부한 날짜 월 일

19일 규칙을 찾아 시각 구하기

이것만 알자

규칙을 찾아 마지막 시계의 시각은?

➔ 시각이 변하는 규칙 찾기

예 규칙을 찾아 마지막 시계의 시각은 몇 시인지 구해 보세요.

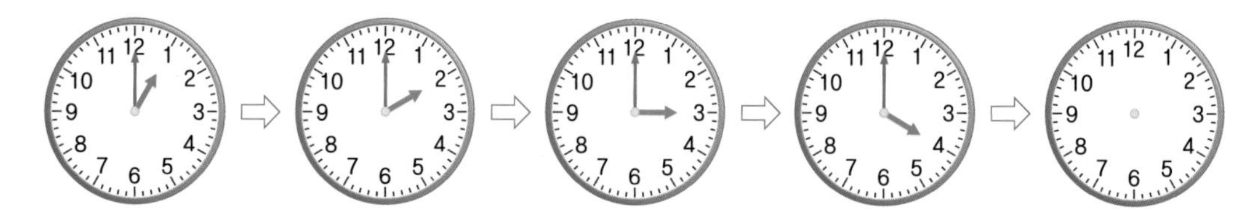

1시, 2시, 3시, 4시이므로 1시간씩 지나는 규칙이 있습니다.
따라서 마지막 시계가 나타내는 시각은 5시입니다.

답 5시

1 규칙을 찾아 마지막 시계의 시각은 몇 시 몇 분인지 구해 보세요.

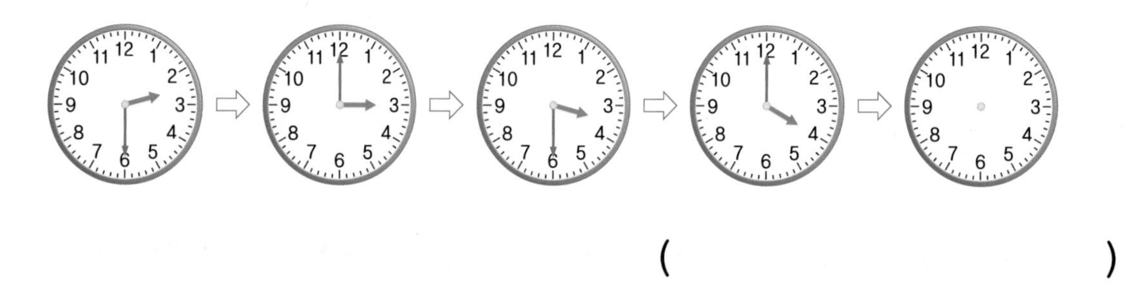

( )

2 규칙을 찾아 마지막 시계의 시각은 몇 시 몇 분인지 구해 보세요.

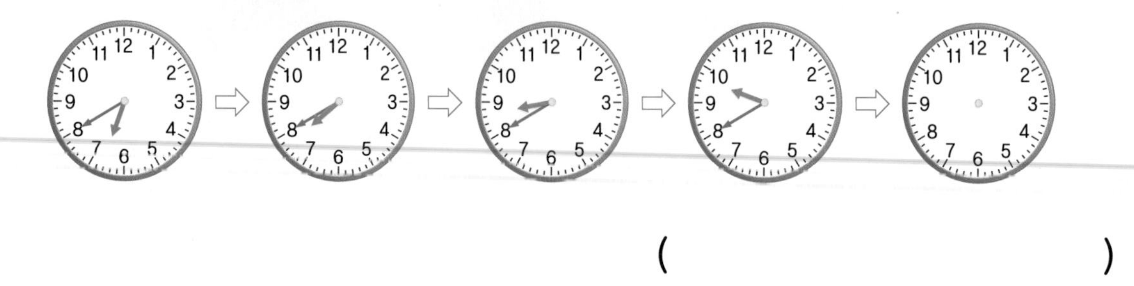

( )

왼쪽 ①, ②번과 같이 문제의 핵심 부분에 색칠하고,
문제를 풀어 보세요.

정답 20쪽

③ 규칙을 찾아 마지막 시계의 시각은 몇 시인지 구해 보세요.

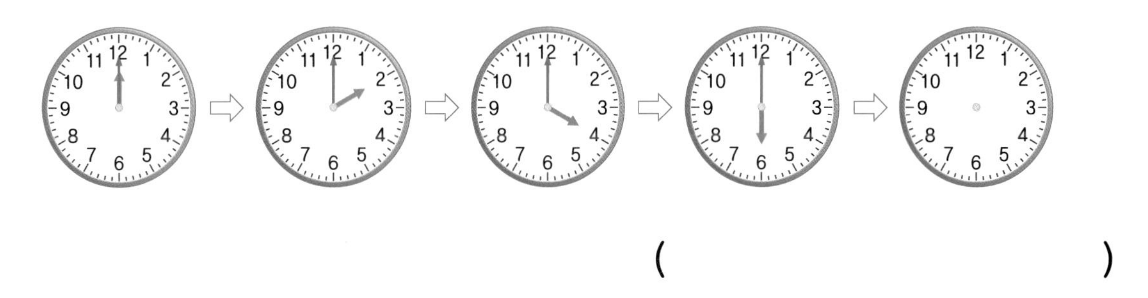

(　　　　　　　　　　　　)

④ 규칙을 찾아 마지막 시계의 시각은 몇 시 몇 분인지 구해 보세요.

(　　　　　　　　　　　　)

⑤ 규칙을 찾아 마지막 시계의 시각은 몇 시 몇 분인지 구해 보세요.

(　　　　　　　　　　　　)

19일 번호 구하기

이것만 알자

번호는 몇 번인가?
➔ 가로와 세로에서 번호가 변하는 규칙 찾기

예 어느 강당의 자리를 나타낸 그림입니다. 해나의 자리는 나열 셋째입니다.
해나가 앉을 의자의 번호는 몇 번일까요?

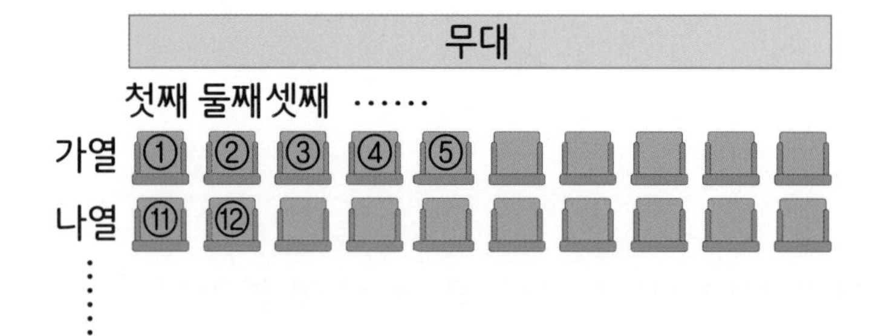

같은 열에 의자가 10개씩 있으므로 열에서 뒤로 갈 때마다
의자 번호는 10씩 커지는 규칙이 있습니다.
해나의 자리는 가열 셋째인 3번에서 뒤로 1칸 갔으므로
의자 번호는 3 + 10 = 13(번)입니다.

답 13번

1 어느 강당의 자리를 나타낸 그림입니다. 채림이의 자리는 다열 넷째입니다.
채림이가 앉을 의자의 번호는 몇 번일까요?

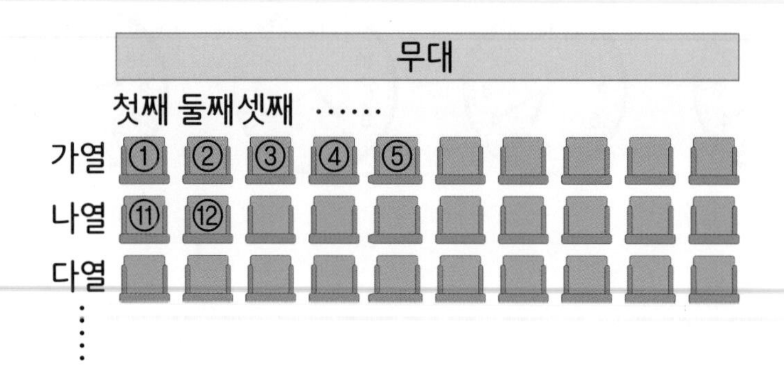

(번)

왼쪽 ❶번과 같이 문제의 핵심 부분에 색칠하고, 문제를 풀어 보세요.

정답 21쪽

❷ 어느 학교의 신발장 자리를 나타낸 그림입니다. 예준이의 신발장은 넷째 줄 다섯째 칸입니다. 예준이의 신발장 번호는 몇 번일까요?

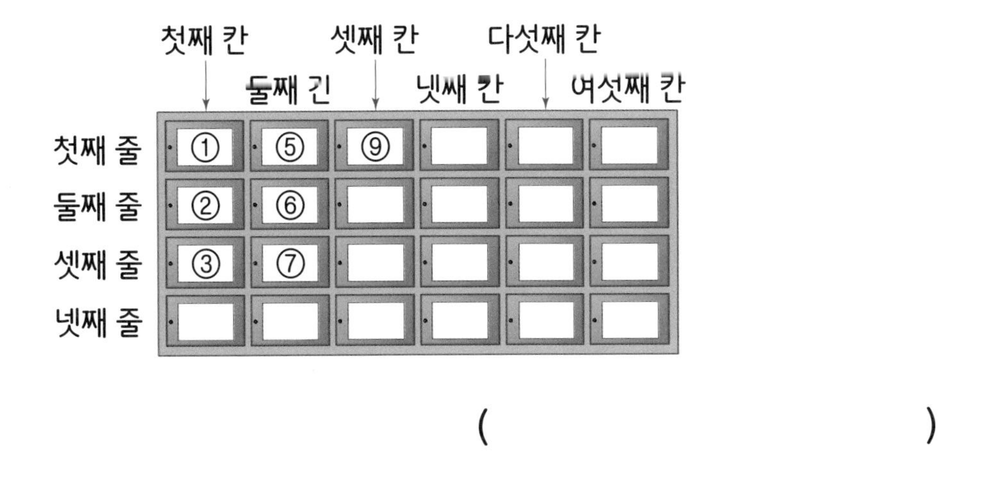

(　　　　　　　　　　)

❸ 어느 반의 사물함 자리를 나타낸 그림입니다. 서안이의 사물함은 셋째 줄 일곱째 칸입니다. 서안이의 사물함 번호는 몇 번일까요?

첫째 칸　셋째 칸
둘째 칸　넷째 칸 ……

첫째 줄　①　②　③　④　⑤
둘째 줄　⑨　⑩
셋째 줄

(　　　　　　　　　　)

공부한 날짜 월 일

20일 마무리하기

90쪽

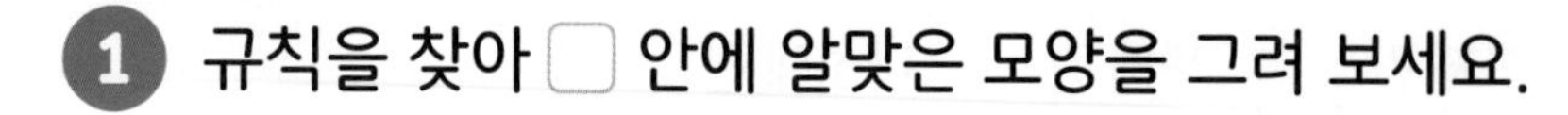

1 규칙을 찾아 □ 안에 알맞은 모양을 그려 보세요.

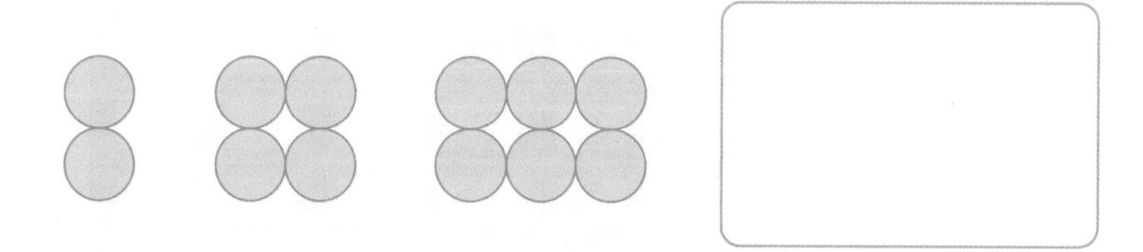

92쪽

2 규칙에 따라 쌓기나무를 쌓았습니다. 다음에 이어질 모양에 쌓을 쌓기나무는 모두 몇 개일까요?

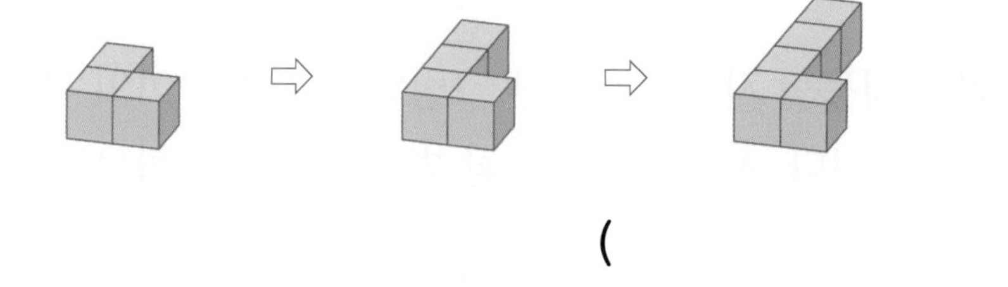

( )

94쪽

3 규칙을 찾아 마지막 시계의 시각은 몇 시인지 구해 보세요.

( )

정답 21쪽

96쪽

4 어느 강당의 자리를 나타낸 그림입니다. 선미의 자리는 다열 일곱째입니다. 선미가 앉을 의자의 번호는 몇 번일까요?

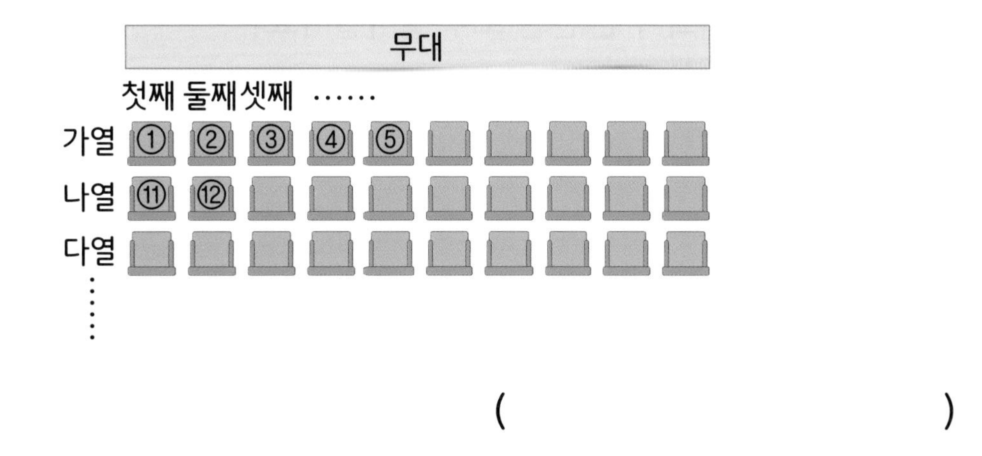

(   )

5 96쪽 **도전 문제**

어느 반의 사물함 자리를 나타낸 그림입니다. 수아의 사물함 번호가 20번일 때 수아의 사물함은 몇째 줄 몇째 칸일까요?

	첫째 칸	둘째 칸	셋째 칸	넷째 칸 ······				
첫째 줄	①	②	③	④	⑤			
둘째 줄	⑨	⑩						
셋째 줄								

❶ 셋째 줄 첫째 칸의 사물함 번호 → (   )

❷ 수아의 사물함 자리 → (   )

1회 실력 평가

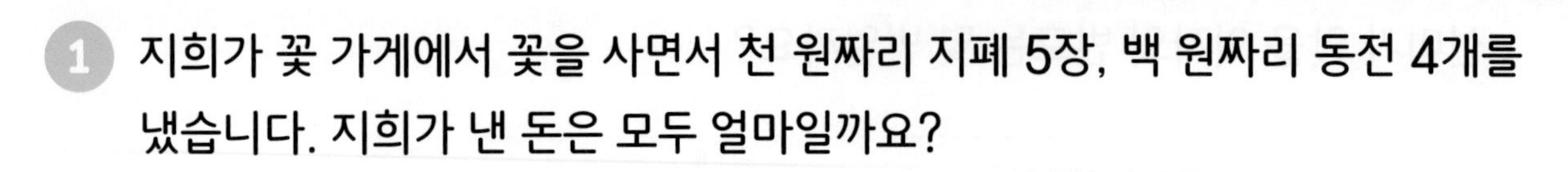

1 지희가 꽃 가게에서 꽃을 사면서 천 원짜리 지폐 5장, 백 원짜리 동전 4개를 냈습니다. 지희가 낸 돈은 모두 얼마일까요?

( )

2 현채의 키는 129 cm이고, 민지의 키는 1 m 32 cm입니다. 현채와 민지 중에서 키가 더 작은 사람은 누구일까요?

( )

3 수 카드를 한 번씩만 사용하여 □ 안에 알맞은 수를 써넣으세요.

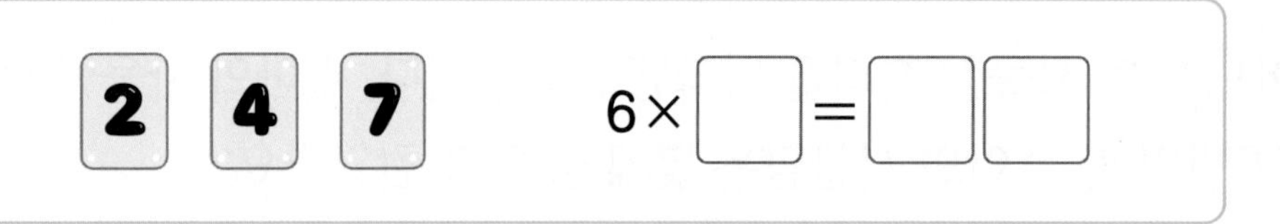

4 길이가 2 m 60 cm인 고무줄이 있습니다. 이 고무줄을 양쪽에서 잡아당겼더니 3 m 74 cm가 되었습니다. 처음보다 늘어난 길이는 몇 m 몇 cm일까요?

( )

정답 22쪽

5 가온이네 반 학생들이 가고 싶은 해수욕장을 조사하여 나타낸 그래프입니다. 가장 많은 학생들이 가고 싶은 해수욕장은 어디일까요?

가고 싶은 해수욕장별 학생 수

5					○
4			○		○
3			○	○	○
2		○	○	○	○
1	○	○	○	○	○
학생 수(명) / 해수욕장	을왕리	변산	속초	주문진	협재

( )

6 유찬이가 숙제를 시작한 시각과 끝낸 시각을 나타낸 것입니다. 숙제를 한 시간은 몇 시간 몇 분일까요?

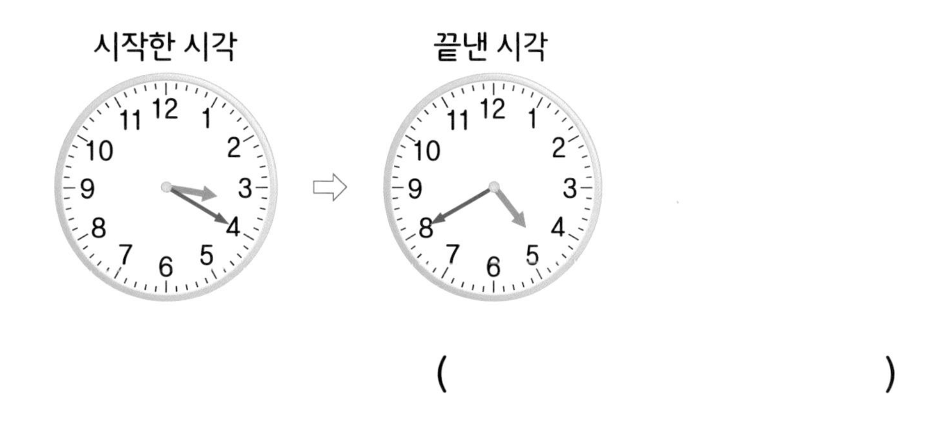

( )

7 규칙을 찾아 ☐ 안에 알맞은 모양을 그려 보세요.

2회 실력 평가

1 사과가 한 봉지에 5개씩 들어 있습니다. 4봉지에 들어 있는 사과는 모두 몇 개일까요?

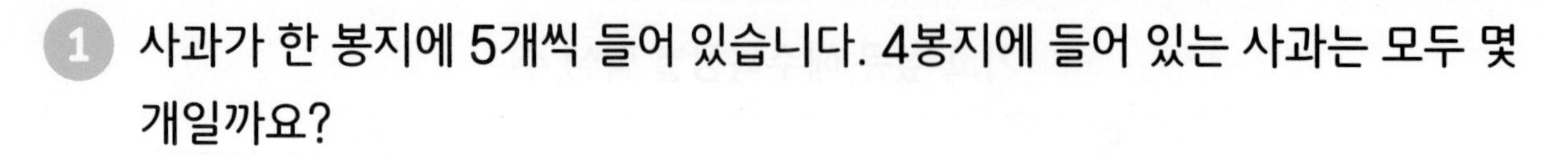

( )

2 탁구공이 1825개 있고, 볼링공이 1673개 있습니다. 더 많이 있는 공은 무엇일까요?

( )

3 미정이가 운동장에서 굴렁쇠 굴리기 연습을 하였습니다. 굴렁쇠가 굴러간 전체 거리는 몇 m 몇 cm일까요?

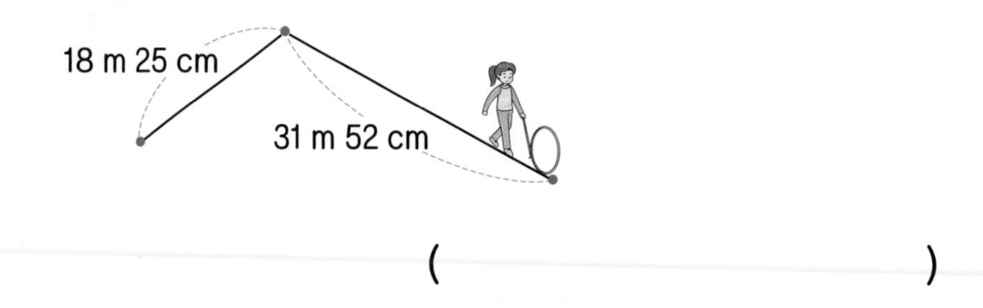

( )

4 초록색 실의 길이는 4 m 47 cm이고, 보라색 실의 길이는 3 m 26 cm입니다. 초록색 실은 보라색 실보다 몇 m 몇 cm 더 길까요?

( )

정답 22쪽

5 민종이네 반 학생들이 좋아하는 나무를 조사하여 표로 나타내었습니다. 은행나무를 좋아하는 학생은 몇 명일까요?

좋아하는 나무별 학생 수

나무	소나무	잣나무	대나무	은행나무	느티나무	합계
학생 수(명)	4	3	7		6	28

( )

6 어느 해의 3월 달력입니다. 3월 8일에서 15일 후는 몇 월 며칠일까요?

3월

일	월	화	수	목	금	토
		1	2	3	4	5
6	7	8	9	10	11	12
13	14	15	16	17	18	19
20	21	22	23	24	25	26
27	28	29	30	31		

( )

7 규칙을 찾아 마지막 시계의 시각은 몇 시인지 구해 보세요.

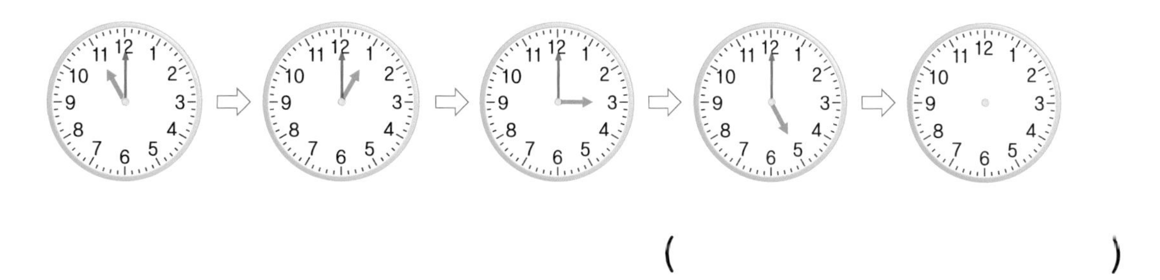

( )

MEMO

2B

2학년 • 기본

교과서 문해력
수학 문장제

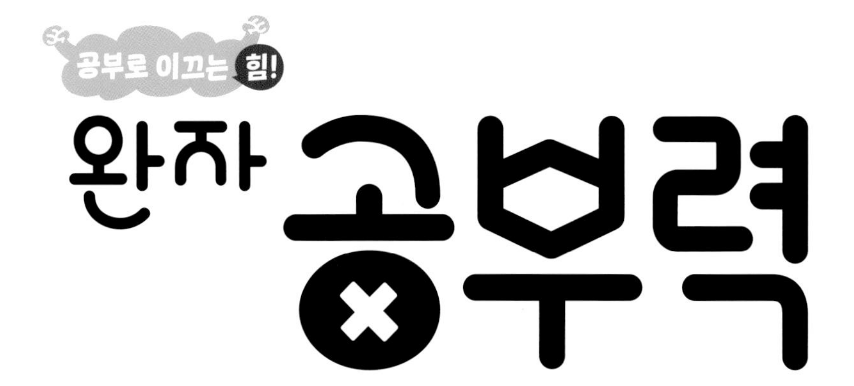

처음보다 늘어난 고무줄의 길이는 몇 m일까요?

정답과 해설

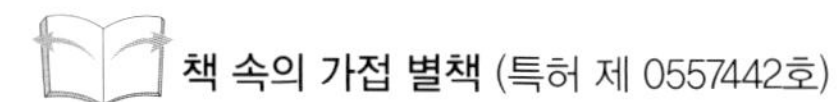

'정답과 해설'은 진도책에서 쉽게 분리할 수 있도록 제작되었으므로
유통 과정에서 분리될 수 있으나 파본이 아닌 정상 제품입니다.

우리는 남다른 상상과 혁신으로
교육 문화의 새로운 전형을 만들어
모든 이의 행복한 경험과 성장에 기여한다

우리는 남다른 상상과 혁신으로
교육 문화의 새로운 전형을 만들어
모든 이의 행복한 경험과 성장에 기여한다

완자 공부력

교과서 문해력
수학 문장제 기본 2B

< 정답과 해설 >

1 네 자리 수

10-11쪽

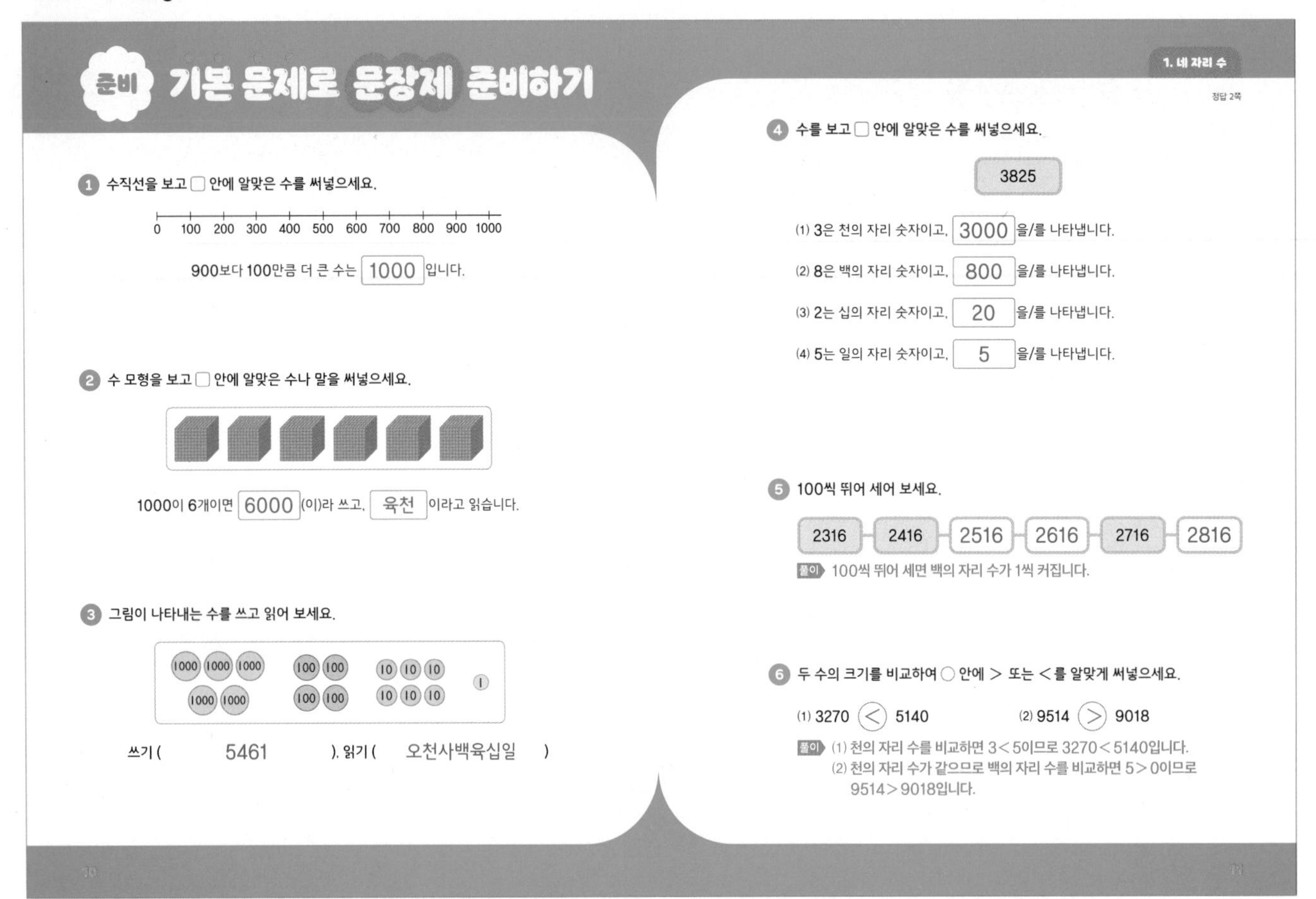

1. 네 자리 수

정답 2쪽

준비 기본 문제로 문장제 준비하기

❶ 수직선을 보고 □ 안에 알맞은 수를 써넣으세요.

0 100 200 300 400 500 600 700 800 900 1000

900보다 100만큼 더 큰 수는 1000 입니다.

❷ 수 모형을 보고 □ 안에 알맞은 수나 말을 써넣으세요.

1000이 6개이면 6000 (이)라 쓰고, 육천 이라고 읽습니다.

❸ 그림이 나타내는 수를 쓰고 읽어 보세요.

1000 1000 1000 1000 1000 100 100 100 100 10 10 10 10 10 10 1

쓰기 (5461), 읽기 (오천사백육십일)

❹ 수를 보고 □ 안에 알맞은 수를 써넣으세요.

3825

(1) 3은 천의 자리 숫자이고, 3000 을/를 나타냅니다.

(2) 8은 백의 자리 숫자이고, 800 을/를 나타냅니다.

(3) 2는 십의 자리 숫자이고, 20 을/를 나타냅니다.

(4) 5는 일의 자리 숫자이고, 5 을/를 나타냅니다.

❺ 100씩 뛰어 세어 보세요.

2316 - 2416 - 2516 - 2616 - 2716 - 2816

풀이 100씩 뛰어 세면 백의 자리 수가 1씩 커집니다.

❻ 두 수의 크기를 비교하여 ○ 안에 > 또는 < 를 알맞게 써넣으세요.

(1) 3270 $<$ 5140 (2) 9514 $>$ 9018

풀이 (1) 천의 자리 수를 비교하면 $3<5$이므로 $3270<5140$입니다.
(2) 천의 자리 수가 같으므로 백의 자리 수를 비교하면 $5>0$이므로 $9514>9018$입니다.

12-13쪽

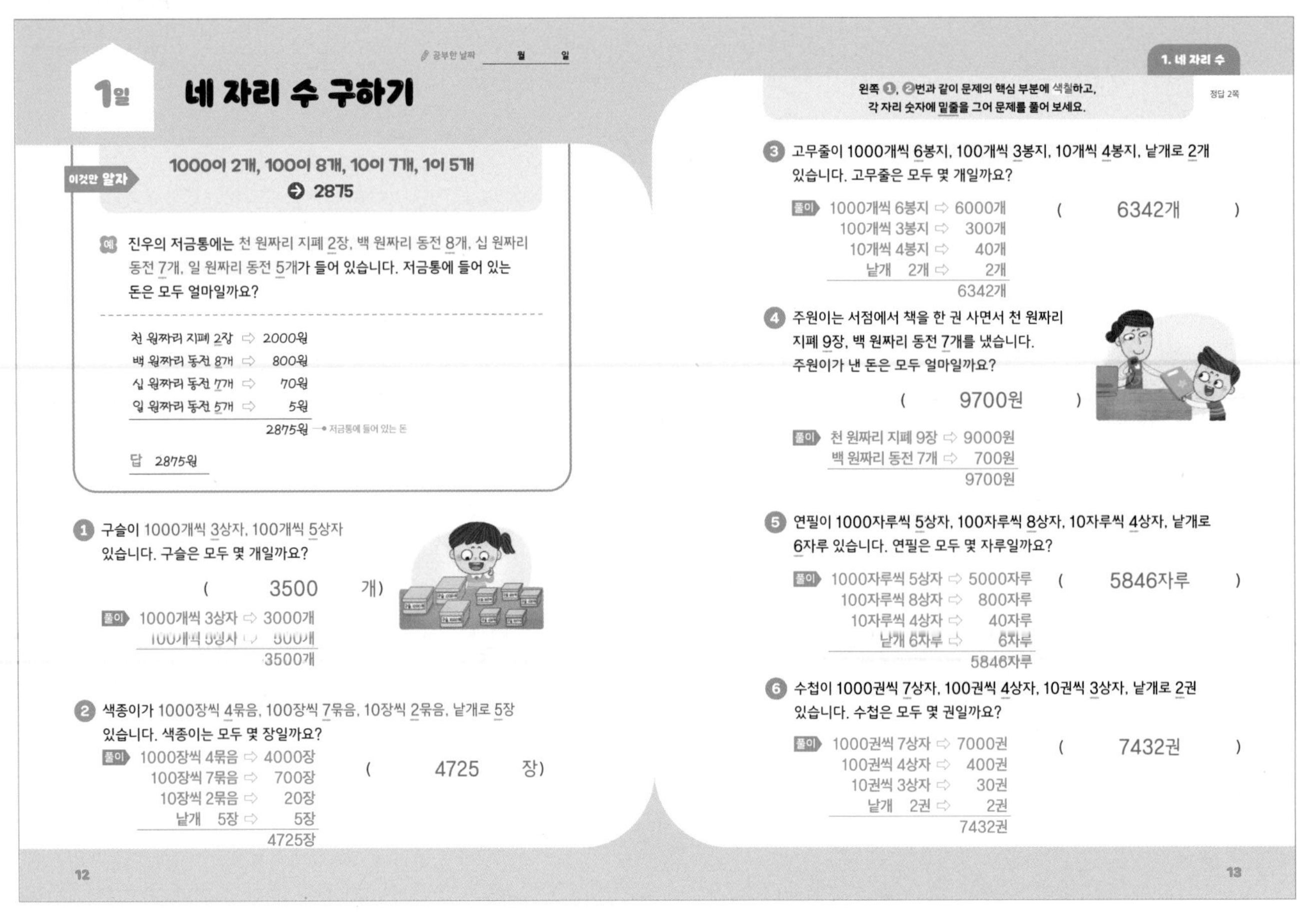

공부한 날짜 월 일

1. 네 자리 수

정답 2쪽

1일 네 자리 수 구하기

이것만 알자 1000이 2개, 100이 8개, 10이 7개, 1이 5개 ➔ 2875

예 진우의 저금통에는 천 원짜리 지폐 2장, 백 원짜리 동전 8개, 십 원짜리 동전 7개, 일 원짜리 동전 5개가 들어 있습니다. 저금통에 들어 있는 돈은 모두 얼마일까요?

천 원짜리 지폐 2장 ⇨ 2000원
백 원짜리 동전 8개 ⇨ 800원
십 원짜리 동전 7개 ⇨ 70원
일 원짜리 동전 5개 ⇨ 5원
2875원 → 저금통에 들어 있는 돈

답 2875원

❶ 구슬이 1000개씩 3상자, 100개씩 5상자 있습니다. 구슬은 모두 몇 개일까요?

(3500 개)

풀이 1000개씩 3상자 ⇨ 3000개
100개씩 5상자 ⇨ 500개
3500개

❷ 색종이가 1000장씩 4묶음, 100장씩 7묶음, 10장씩 2묶음, 낱개로 5장 있습니다. 색종이는 모두 몇 장일까요?

(4725 장)

풀이 1000장씩 4묶음 ⇨ 4000장
100장씩 7묶음 ⇨ 700장
10장씩 2묶음 ⇨ 20장
낱개 5장 ⇨ 5장
4725장

왼쪽 ❶, ❷번과 같이 문제의 핵심 부분에 색칠하고, 각 자리 숫자에 밑줄을 그어 문제를 풀어 보세요.

❸ 고무줄이 1000개씩 6봉지, 100개씩 3봉지, 10개씩 4봉지, 낱개로 2개 있습니다. 고무줄은 모두 몇 개일까요?

(6342개)

풀이 1000개씩 6봉지 ⇨ 6000개
100개씩 3봉지 ⇨ 300개
10개씩 4봉지 ⇨ 40개
낱개 2개 ⇨ 2개
6342개

❹ 주원이는 서점에서 책을 한 권 사면서 천 원짜리 지폐 9장, 백 원짜리 동전 7개를 냈습니다. 주원이가 낸 돈은 모두 얼마일까요?

(9700원)

풀이 천 원짜리 지폐 9장 ⇨ 9000원
백 원짜리 동전 7개 ⇨ 700원
9700원

❺ 연필이 1000자루씩 5상자, 100자루씩 8상자, 10자루씩 4상자, 낱개로 6자루 있습니다. 연필은 모두 몇 자루일까요?

(5846자루)

풀이 1000자루씩 5상자 ⇨ 5000자루
100자루씩 8상자 ⇨ 800자루
10자루씩 4상자 ⇨ 40자루
낱개 6자루 ⇨ 6자루
5846자루

❻ 수첩이 1000권씩 7상자, 100권씩 4상자, 10권씩 3상자, 낱개로 2권 있습니다. 수첩은 모두 몇 권일까요?

(7432권)

풀이 1000권씩 7상자 ⇨ 7000권
100권씩 4상자 ⇨ 400권
10권씩 3상자 ⇨ 30권
낱개 2권 ⇨ 2권
7432권

12 13

14-15쪽

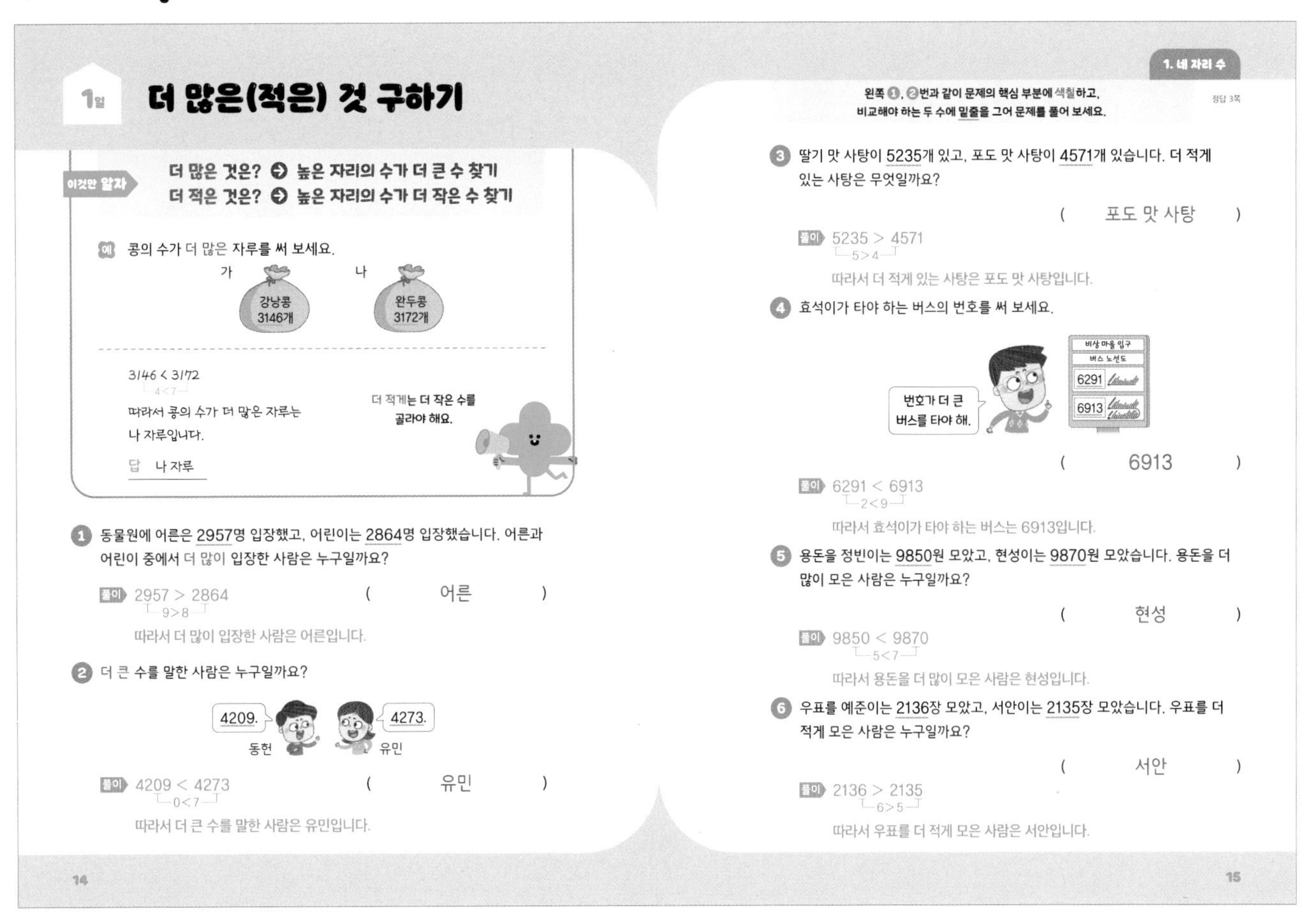

1. 네 자리 수

1일 **더 많은(적은) 것 구하기**

이것만 알자

더 많은 것은? ➔ 높은 자리의 수가 더 큰 수 찾기

더 적은 것은? ➔ 높은 자리의 수가 더 작은 수 찾기

예 콩의 수가 더 많은 자루를 써 보세요.

가 강낭콩 3146개 나 완두콩 3172개

3146 < 3172 (4<7)

따라서 콩의 수가 더 많은 자루는 나 자루입니다.

더 적게는 더 작은 수를 골라야 해요.

답 나 자루

1 동물원에 어른은 2957명 입장했고, 어린이는 2864명 입장했습니다. 어른과 어린이 중에서 더 많이 입장한 사람은 누구일까요?

풀이 2957 > 2864 (9>8) (어른)

따라서 더 많이 입장한 사람은 어른입니다.

2 더 큰 수를 말한 사람은 누구일까요?

4209. 동현 4273. 유민

풀이 4209 < 4273 (0<7) (유민)

따라서 더 큰 수를 말한 사람은 유민입니다.

왼쪽 1, 2번과 같이 문제의 핵심 부분에 색칠하고, 비교해야 하는 두 수에 밑줄을 그어 문제를 풀어 보세요.

정답 3쪽

3 딸기 맛 사탕이 5235개 있고, 포도 맛 사탕이 4571개 있습니다. 더 적게 있는 사탕은 무엇일까요?

(포도 맛 사탕)

풀이 5235 > 4571 (5>4)

따라서 더 적게 있는 사탕은 포도 맛 사탕입니다.

4 효석이가 타야 하는 버스의 번호를 써 보세요.

번호가 더 큰 버스를 타야 해.

비상 마을 입구 버스 노선도 6291 6913

(6913)

풀이 6291 < 6913 (2<9)

따라서 효석이가 타야 하는 버스는 6913입니다.

5 용돈을 정빈이는 9850원 모았고, 현성이는 9870원 모았습니다. 용돈을 더 많이 모은 사람은 누구일까요?

(현성)

풀이 9850 < 9870 (5<7)

따라서 용돈을 더 많이 모은 사람은 현성입니다.

6 우표를 예준이는 2136장 모았고, 서안이는 2135장 모았습니다. 우표를 더 적게 모은 사람은 누구일까요?

(서안)

풀이 2136 > 2135 (6>5)

따라서 우표를 더 적게 모은 사람은 서안입니다.

14 15

16-17쪽

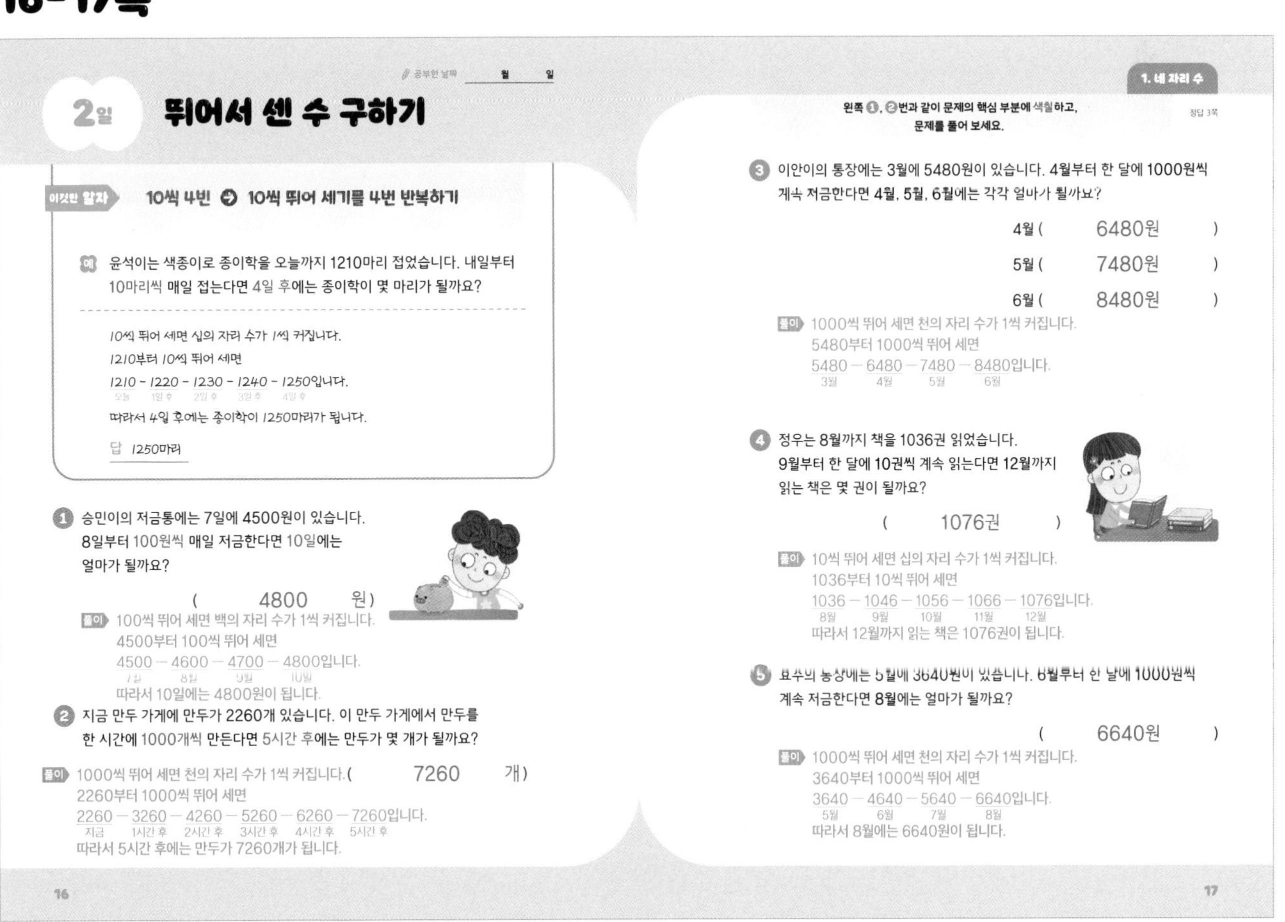

공부한 날짜 월 일

1. 네 자리 수

2일 **뛰어서 센 수 구하기**

이것만 알자

10씩 4번 ➔ 10씩 뛰어 세기를 4번 반복하기

예 윤석이는 색종이로 종이학을 오늘까지 1210마리 접었습니다. 내일부터 10마리씩 매일 접는다면 4일 후에는 종이학이 몇 마리가 될까요?

10씩 뛰어 세면 십의 자리 수가 1씩 커집니다.

1210부터 10씩 뛰어 세면

1210 - 1220 - 1230 - 1240 - 1250입니다.

(오늘, 1일 후, 2일 후, 3일 후, 4일 후)

따라서 4일 후에는 종이학이 1250마리가 됩니다.

답 1250마리

1 승민이의 저금통에는 7일에 4500원이 있습니다. 8일부터 100원씩 매일 저금한다면 10일에는 얼마가 될까요?

(4800 원)

풀이 100씩 뛰어 세면 백의 자리 수가 1씩 커집니다.

4500부터 100씩 뛰어 세면

4500 - 4600 - 4700 - 4800입니다.

(7일, 8일, 9일, 10일)

따라서 10일에는 4800원이 됩니다.

2 지금 만두 가게에 만두가 2260개 있습니다. 이 만두 가게에서 만두를 한 시간에 1000개씩 만든다면 5시간 후에는 만두가 몇 개가 될까요?

풀이 1000씩 뛰어 세면 천의 자리 수가 1씩 커집니다. (7260 개)

2260부터 1000씩 뛰어 세면

2260 - 3260 - 4260 - 5260 - 6260 - 7260입니다.

(지금, 1시간 후, 2시간 후, 3시간 후, 4시간 후, 5시간 후)

따라서 5시간 후에는 만두가 7260개가 됩니다.

왼쪽 1, 2번과 같이 문제의 핵심 부분에 색칠하고, 문제를 풀어 보세요.

정답 3쪽

3 이안이의 통장에는 3월에 5480원이 있습니다. 4월부터 한 달에 1000원씩 계속 저금한다면 4월, 5월, 6월에는 각각 얼마가 될까요?

4월 (6480원)

5월 (7480원)

6월 (8480원)

풀이 1000씩 뛰어 세면 천의 자리 수가 1씩 커집니다.

5480부터 1000씩 뛰어 세면

5480 - 6480 - 7480 - 8480입니다.

(3월, 4월, 5월, 6월)

4 정우는 8월까지 책을 1036권 읽었습니다. 9월부터 한 달에 10권씩 계속 읽는다면 12월까지 읽는 책은 몇 권이 될까요?

(1076권)

풀이 10씩 뛰어 세면 십의 자리 수가 1씩 커집니다.

1036부터 10씩 뛰어 세면

1036 - 1046 - 1056 - 1066 - 1076입니다.

(8월, 9월, 10월, 11월, 12월)

따라서 12월까지 읽는 책은 1076권이 됩니다.

5 효주의 통장에는 5월에 3640원이 있습니다. 6월부터 한 달에 1000원씩 계속 저금한다면 8월에는 얼마가 될까요?

(6640원)

풀이 1000씩 뛰어 세면 천의 자리 수가 1씩 커집니다.

3640부터 1000씩 뛰어 세면

3640 - 4640 - 5640 - 6640입니다.

(5월, 6월, 7월, 8월)

따라서 8월에는 6640원이 됩니다.

16 17

1 네 자리 수

18-19쪽

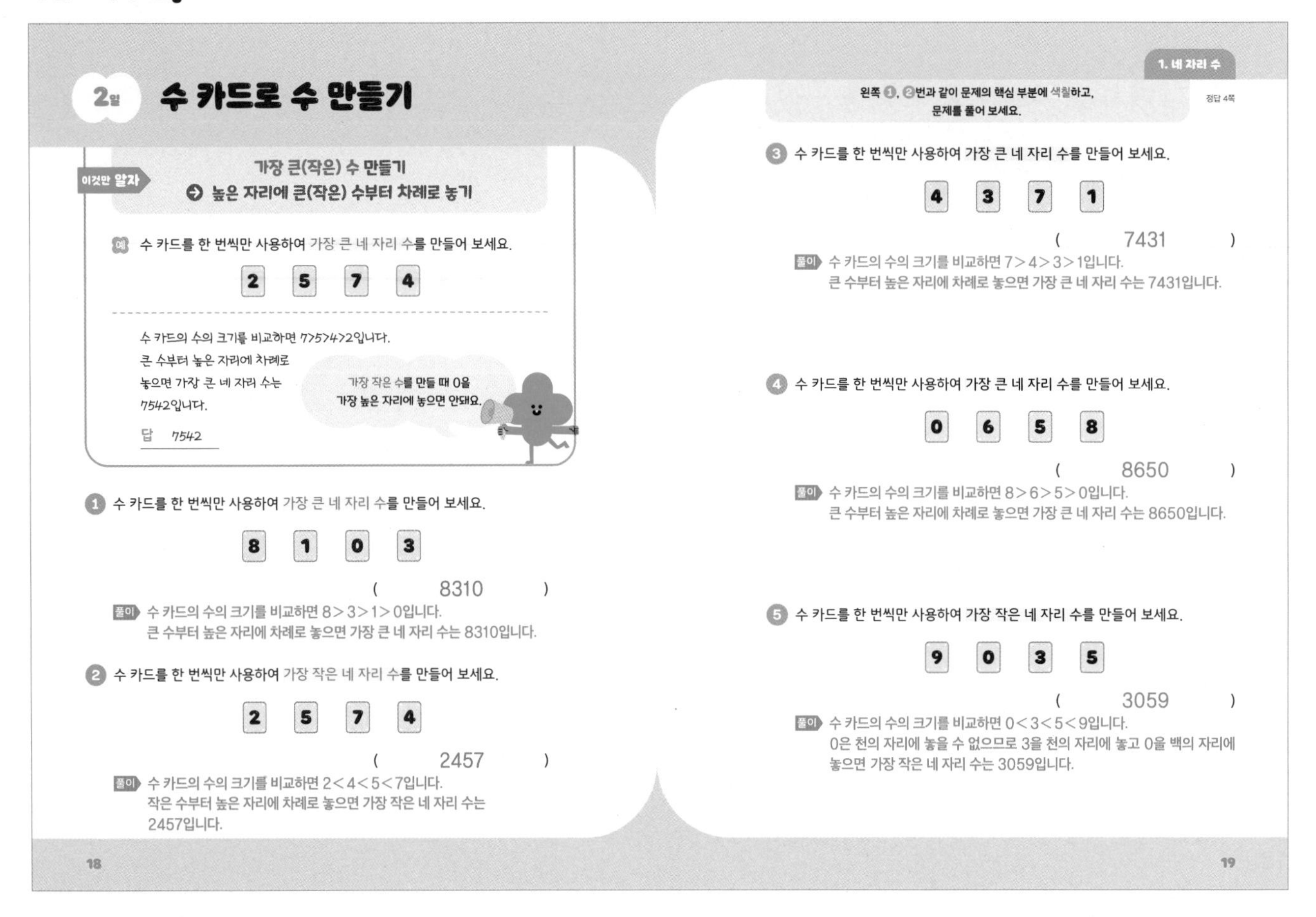

1. 네 자리 수

2일 수 카드로 수 만들기

이것만 알자

가장 큰(작은) 수 만들기
➔ 높은 자리에 큰(작은) 수부터 차례로 놓기

예 수 카드를 한 번씩만 사용하여 가장 큰 네 자리 수를 만들어 보세요.

2 5 7 4

수 카드의 수의 크기를 비교하면 7>5>4>2입니다. 큰 수부터 높은 자리에 차례로 놓으면 가장 큰 네 자리 수는 7542입니다.

답 7542

가장 작은 수를 만들 때 0을 가장 높은 자리에 놓으면 안돼요.

1 수 카드를 한 번씩만 사용하여 가장 큰 네 자리 수를 만들어 보세요.

8 1 0 3

(8310)

풀이 수 카드의 수의 크기를 비교하면 8 > 3 > 1 > 0입니다.
큰 수부터 높은 자리에 차례로 놓으면 가장 큰 네 자리 수는 8310입니다.

2 수 카드를 한 번씩만 사용하여 가장 작은 네 자리 수를 만들어 보세요.

2 5 7 4

(2457)

풀이 수 카드의 수의 크기를 비교하면 2 < 4 < 5 < 7입니다.
작은 수부터 높은 자리에 차례로 놓으면 가장 작은 네 자리 수는 2457입니다.

왼쪽 1, 2번과 같이 문제의 핵심 부분에 색칠하고, 문제를 풀어 보세요.

정답 4쪽

3 수 카드를 한 번씩만 사용하여 가장 큰 네 자리 수를 만들어 보세요.

4 3 7 1

(7431)

풀이 수 카드의 수의 크기를 비교하면 7 > 4 > 3 > 1입니다.
큰 수부터 높은 자리에 차례로 놓으면 가장 큰 네 자리 수는 7431입니다.

4 수 카드를 한 번씩만 사용하여 가장 큰 네 자리 수를 만들어 보세요.

0 6 5 8

(8650)

풀이 수 카드의 수의 크기를 비교하면 8 > 6 > 5 > 0입니다.
큰 수부터 높은 자리에 차례로 놓으면 가장 큰 네 자리 수는 8650입니다.

5 수 카드를 한 번씩만 사용하여 가장 작은 네 자리 수를 만들어 보세요.

9 0 3 5

(3059)

풀이 수 카드의 수의 크기를 비교하면 0 < 3 < 5 < 9입니다.
0은 천의 자리에 놓을 수 없으므로 3을 천의 자리에 놓고 0을 백의 자리에 놓으면 가장 작은 네 자리 수는 3059입니다.

18 19

20-21쪽

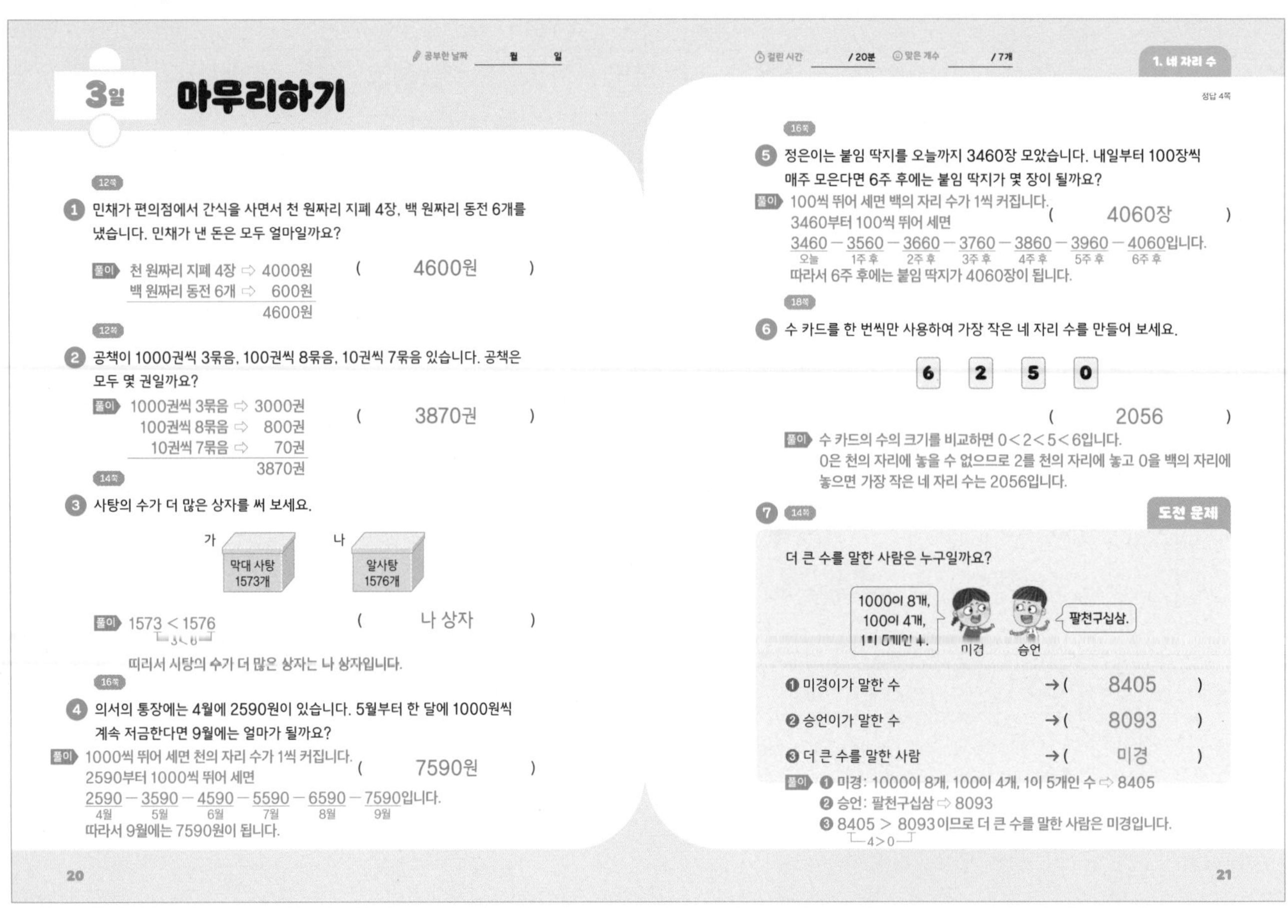

공부한 날짜 월 일 걸린 시간 /20분 맞은 개수 /7개

1. 네 자리 수

3일 마무리하기

정답 4쪽

12쪽

1 민채가 편의점에서 간식을 사면서 천 원짜리 지폐 4장, 백 원짜리 동전 6개를 냈습니다. 민채가 낸 돈은 모두 얼마일까요?

(4600원)

풀이 천 원짜리 지폐 4장 ⇨ 4000원
백 원짜리 동전 6개 ⇨ 600원
4600원

12쪽

2 공책이 1000권씩 3묶음, 100권씩 8묶음, 10권씩 7묶음 있습니다. 공책은 모두 몇 권일까요?

(3870권)

풀이 1000권씩 3묶음 ⇨ 3000권
100권씩 8묶음 ⇨ 800권
10권씩 7묶음 ⇨ 70권
3870권

14쪽

3 사탕의 수가 더 많은 상자를 써 보세요.

가 막대 사탕 1573개 나 알사탕 1576개

(나 상자)

풀이 1573 < 1576 (3<6)
따라서 사탕의 수가 더 많은 상자는 나 상자입니다.

16쪽

4 의서의 통장에는 4월에 2590원이 있습니다. 5월부터 한 달에 1000원씩 계속 저금한다면 9월에는 얼마가 될까요?

(7590원)

풀이 1000씩 뛰어 세면 천의 자리 수가 1씩 커집니다.
2590부터 1000씩 뛰어 세면
2590(4월) − 3590(5월) − 4590(6월) − 5590(7월) − 6590(8월) − 7590(9월)입니다.
따라서 9월에는 7590원이 됩니다.

16쪽

5 정은이는 붙임 딱지를 오늘까지 3460장 모았습니다. 내일부터 100장씩 매주 모은다면 6주 후에는 붙임 딱지가 몇 장이 될까요?

(4060장)

풀이 100씩 뛰어 세면 백의 자리 수가 1씩 커집니다.
3460부터 100씩 뛰어 세면
3460(오늘) − 3560(1주 후) − 3660(2주 후) − 3760(3주 후) − 3860(4주 후) − 3960(5주 후) − 4060(6주 후)입니다.
따라서 6주 후에는 붙임 딱지가 4060장이 됩니다.

18쪽

6 수 카드를 한 번씩만 사용하여 가장 작은 네 자리 수를 만들어 보세요.

6 2 5 0

(2056)

풀이 수 카드의 수의 크기를 비교하면 0 < 2 < 5 < 6입니다.
0은 천의 자리에 놓을 수 없으므로 2를 천의 자리에 놓고 0을 백의 자리에 놓으면 가장 작은 네 자리 수는 2056입니다.

7 14쪽 도전 문제

더 큰 수를 말한 사람은 누구일까요?

미경: 1000이 8개, 100이 4개, 1이 5개인 수.
승언: 팔천구십삼.

❶ 미경이가 말한 수 → (8405)

❷ 승언이가 말한 수 → (8093)

❸ 더 큰 수를 말한 사람 → (미경)

풀이 ❶ 미경: 1000이 8개, 100이 4개, 1이 5개인 수 ⇨ 8405
❷ 승언: 팔천구십삼 ⇨ 8093
❸ 8405 > 8093이므로 더 큰 수를 말한 사람은 미경입니다. (4>0)

20 21

2 곱셈구구

24-25쪽

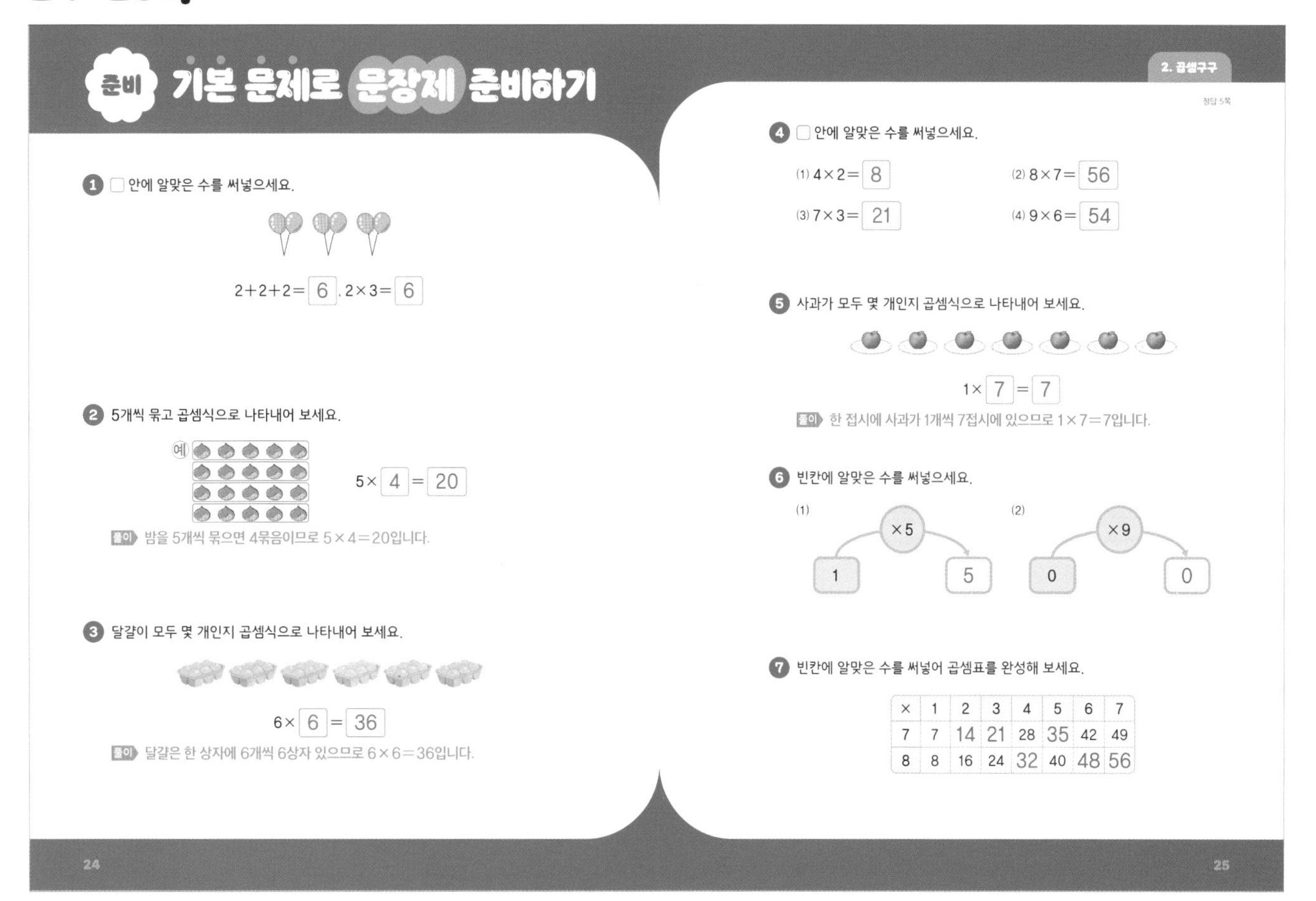

준비 기본 문제로 문장제 준비하기

2. 곱셈구구

정답 5쪽

1 □ 안에 알맞은 수를 써넣으세요.

2+2+2= 6 , 2×3= 6

2 5개씩 묶고 곱셈식으로 나타내어 보세요.

예

5× 4 = 20

풀이 밤을 5개씩 묶으면 4묶음이므로 5×4=20입니다.

3 달걀이 모두 몇 개인지 곱셈식으로 나타내어 보세요.

6× 6 = 36

풀이 달걀은 한 상자에 6개씩 6상자 있으므로 6×6=36입니다.

4 □ 안에 알맞은 수를 써넣으세요.

(1) 4×2= 8 (2) 8×7= 56

(3) 7×3= 21 (4) 9×6= 54

5 사과가 모두 몇 개인지 곱셈식으로 나타내어 보세요.

1× 7 = 7

풀이 한 접시에 사과가 1개씩 7접시에 있으므로 1×7=7입니다.

6 빈칸에 알맞은 수를 써넣으세요.

(1) 1 —×5→ 5

(2) 0 —×9→ 0

7 빈칸에 알맞은 수를 써넣어 곱셈표를 완성해 보세요.

×	1	2	3	4	5	6	7
7	7	14	21	28	35	42	49
8	8	16	24	32	40	48	56

24 25

26-27쪽

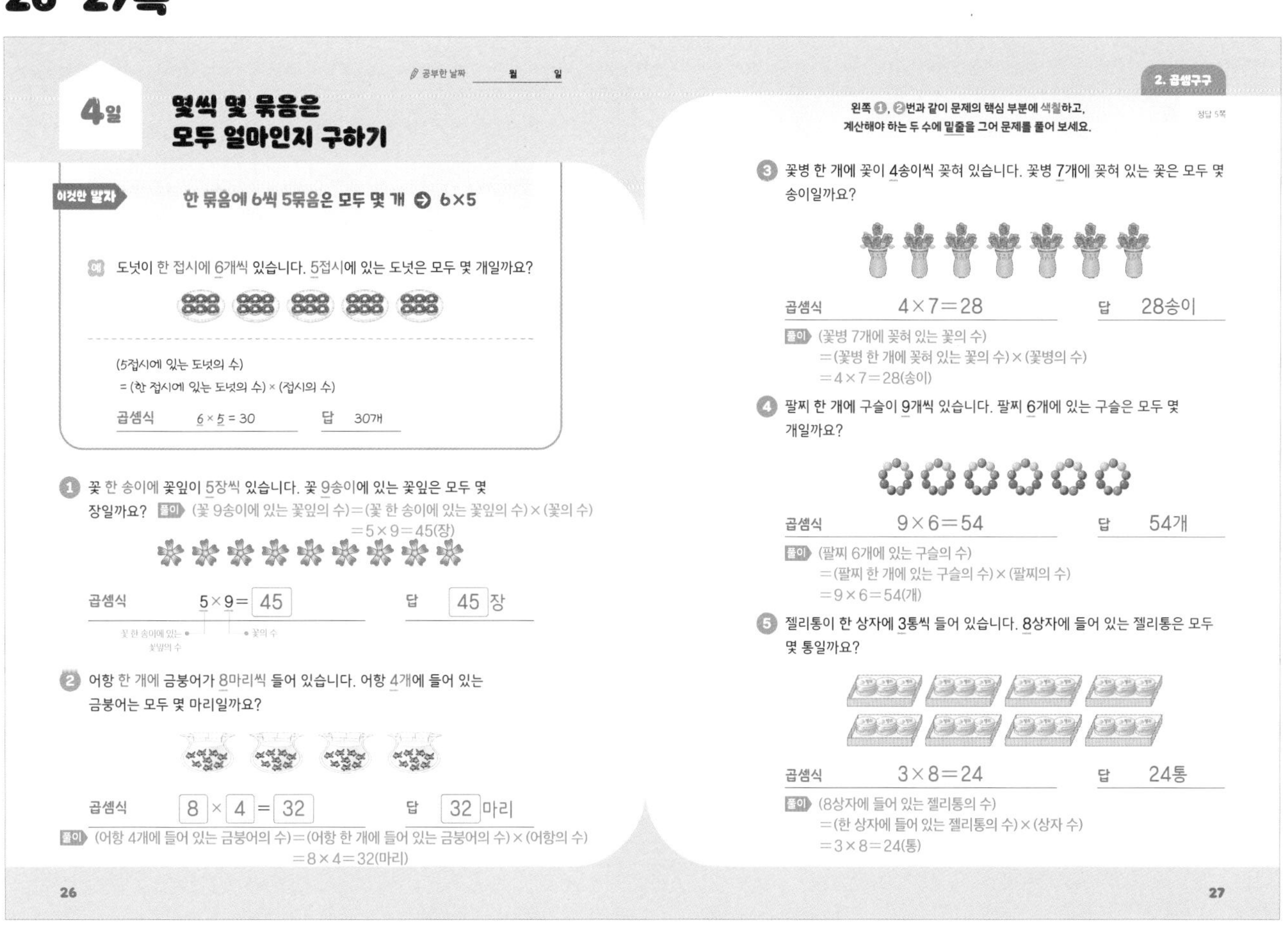

공부한 날짜 월 일

4일 몇씩 몇 묶음은 모두 얼마인지 구하기

2. 곱셈구구

정답 5쪽

이것만 알자 한 묶음에 6씩 5묶음은 모두 몇 개 ➔ 6×5

예 도넛이 한 접시에 6개씩 있습니다. 5접시에 있는 도넛은 모두 몇 개일까요?

(5접시에 있는 도넛의 수)
=(한 접시에 있는 도넛의 수)×(접시의 수)

곱셈식 6×5=30 답 30개

1 꽃 한 송이에 꽃잎이 5장씩 있습니다. 꽃 9송이에 있는 꽃잎은 모두 몇 장일까요?

풀이 (꽃 9송이에 있는 꽃잎의 수)=(꽃 한 송이에 있는 꽃잎의 수)×(꽃의 수)
=5×9=45(장)

곱셈식 5×9= 45 답 45 장

2 어항 한 개에 금붕어가 8마리씩 들어 있습니다. 어항 4개에 들어 있는 금붕어는 모두 몇 마리일까요?

곱셈식 8 × 4 = 32 답 32 마리

풀이 (어항 4개에 들어 있는 금붕어의 수)=(어항 한 개에 들어 있는 금붕어의 수)×(어항의 수)
=8×4=32(마리)

왼쪽 1, 2번과 같이 문제의 핵심 부분에 색칠하고, 계산해야 하는 두 수에 밑줄을 그어 문제를 풀어 보세요.

3 꽃병 한 개에 꽃이 4송이씩 꽂혀 있습니다. 꽃병 7개에 꽂혀 있는 꽃은 모두 몇 송이일까요?

곱셈식 4×7=28 답 28송이

풀이 (꽃병 7개에 꽂혀 있는 꽃의 수)
=(꽃병 한 개에 꽂혀 있는 꽃의 수)×(꽃병의 수)
=4×7=28(송이)

4 팔찌 한 개에 구슬이 9개씩 있습니다. 팔찌 6개에 있는 구슬은 모두 몇 개일까요?

곱셈식 9×6=54 답 54개

풀이 (팔찌 6개에 있는 구슬의 수)
=(팔찌 한 개에 있는 구슬의 수)×(팔찌의 수)
=9×6=54(개)

5 젤리통이 한 상자에 3통씩 들어 있습니다. 8상자에 들어 있는 젤리통은 모두 몇 통일까요?

곱셈식 3×8=24 답 24통

풀이 (8상자에 들어 있는 젤리통의 수)
=(한 상자에 들어 있는 젤리통의 수)×(상자 수)
=3×8=24(통)

26 27

2 곱셈구구

28-29쪽

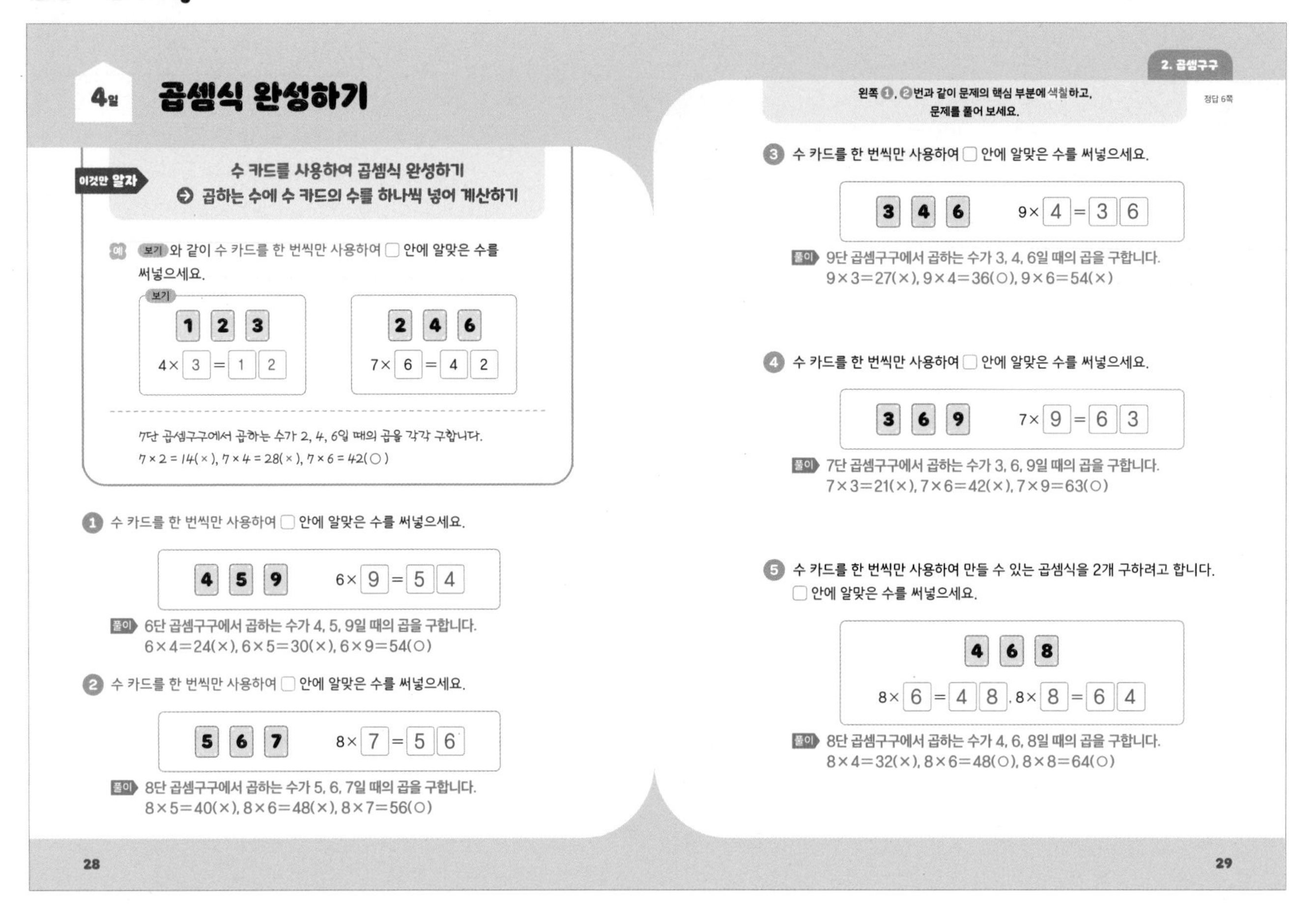

4일 곱셈식 완성하기

이것만 알자 수 카드를 사용하여 곱셈식 완성하기
➔ 곱하는 수에 수 카드의 수를 하나씩 넣어 계산하기

예 보기와 같이 수 카드를 한 번씩만 사용하여 □ 안에 알맞은 수를 써넣으세요.

보기 1 2 3 / 4×3=12

2 4 6 / 7×6=42

7단 곱셈구구에서 곱하는 수가 2, 4, 6일 때의 곱을 각각 구합니다.
7×2=14(×), 7×4=28(×), 7×6=42(○)

1 수 카드를 한 번씩만 사용하여 □ 안에 알맞은 수를 써넣으세요.

4 5 9 / 6×9=54

풀이 6단 곱셈구구에서 곱하는 수가 4, 5, 9일 때의 곱을 구합니다.
6×4=24(×), 6×5=30(×), 6×9=54(○)

2 수 카드를 한 번씩만 사용하여 □ 안에 알맞은 수를 써넣으세요.

5 6 7 / 8×7=56

풀이 8단 곱셈구구에서 곱하는 수가 5, 6, 7일 때의 곱을 구합니다.
8×5=40(×), 8×6=48(×), 8×7=56(○)

28

2. 곱셈구구

왼쪽 1, 2번과 같이 문제의 핵심 부분에 색칠하고, 문제를 풀어 보세요.

정답 6쪽

3 수 카드를 한 번씩만 사용하여 □ 안에 알맞은 수를 써넣으세요.

3 4 6 / 9×4=36

풀이 9단 곱셈구구에서 곱하는 수가 3, 4, 6일 때의 곱을 구합니다.
9×3=27(×), 9×4=36(○), 9×6=54(×)

4 수 카드를 한 번씩만 사용하여 □ 안에 알맞은 수를 써넣으세요.

3 6 9 / 7×9=63

풀이 7단 곱셈구구에서 곱하는 수가 3, 6, 9일 때의 곱을 구합니다.
7×3=21(×), 7×6=42(×), 7×9=63(○)

5 수 카드를 한 번씩만 사용하여 만들 수 있는 곱셈식을 2개 구하려고 합니다. □ 안에 알맞은 수를 써넣으세요.

4 6 8 / 8×6=48, 8×8=64

풀이 8단 곱셈구구에서 곱하는 수가 4, 6, 8일 때의 곱을 구합니다.
8×4=32(×), 8×6=48(○), 8×8=64(○)

29

30-31쪽

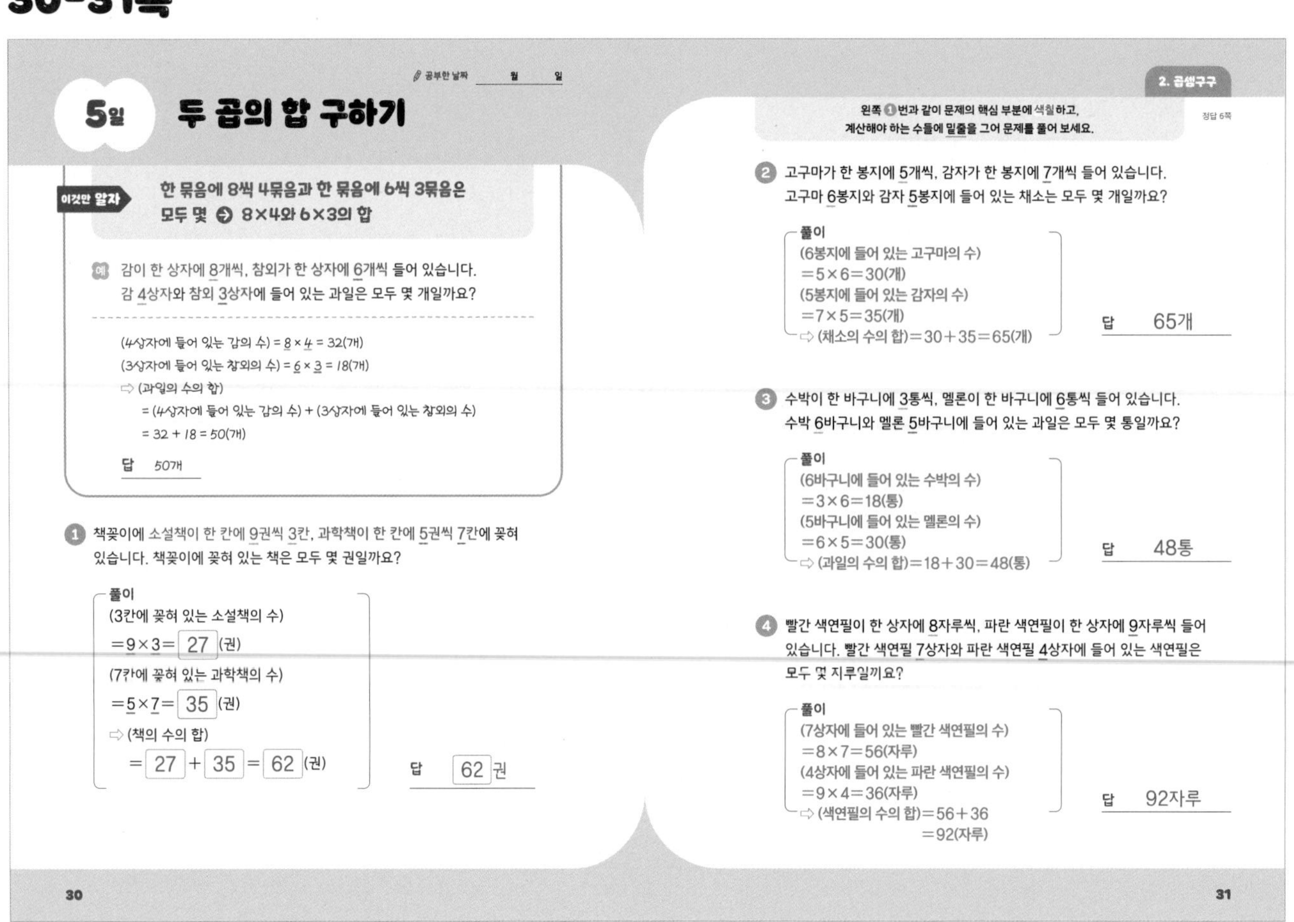

공부한 날짜 월 일

5일 두 곱의 합 구하기

이것만 알자 한 묶음에 8씩 4묶음과 한 묶음에 6씩 3묶음은 모두 몇 ➔ 8×4와 6×3의 합

예 감이 한 상자에 8개씩, 참외가 한 상자에 6개씩 들어 있습니다. 감 4상자와 참외 3상자에 들어 있는 과일은 모두 몇 개일까요?

(4상자에 들어 있는 감의 수) = 8×4 = 32(개)
(3상자에 들어 있는 참외의 수) = 6×3 = 18(개)
⇨ (과일의 수의 합)
= (4상자에 들어 있는 감의 수) + (3상자에 들어 있는 참외의 수)
= 32 + 18 = 50(개)

답 50개

1 책꽂이에 소설책이 한 칸에 9권씩 3칸, 과학책이 한 칸에 5권씩 7칸에 꽂혀 있습니다. 책꽂이에 꽂혀 있는 책은 모두 몇 권일까요?

풀이
(3칸에 꽂혀 있는 소설책의 수)
=9×3=27(권)
(7칸에 꽂혀 있는 과학책의 수)
=5×7=35(권)
⇨ (책의 수의 합)
=27+35=62(권)

답 62권

30

2. 곱셈구구

왼쪽 1번과 같이 문제의 핵심 부분에 색칠하고, 계산해야 하는 수들에 밑줄을 그어 문제를 풀어 보세요.

정답 6쪽

2 고구마가 한 봉지에 5개씩, 감자가 한 봉지에 7개씩 들어 있습니다. 고구마 6봉지와 감자 5봉지에 들어 있는 채소는 모두 몇 개일까요?

풀이
(6봉지에 들어 있는 고구마의 수)
=5×6=30(개)
(5봉지에 들어 있는 감자의 수)
=7×5=35(개)
⇨ (채소의 수의 합)=30+35=65(개)

답 65개

3 수박이 한 바구니에 3통씩, 멜론이 한 바구니에 6통씩 들어 있습니다. 수박 6바구니와 멜론 5바구니에 들어 있는 과일은 모두 몇 통일까요?

풀이
(6바구니에 들어 있는 수박의 수)
=3×6=18(통)
(5바구니에 들어 있는 멜론의 수)
=6×5=30(통)
⇨ (과일의 수의 합)=18+30=48(통)

답 48통

4 빨간 색연필이 한 상자에 8자루씩, 파란 색연필이 한 상자에 9자루씩 들어 있습니다. 빨간 색연필 7상자와 파란 색연필 4상자에 들어 있는 색연필은 모두 몇 자루일까요?

풀이
(7상자에 들어 있는 빨간 색연필의 수)
=8×7=56(자루)
(4상자에 들어 있는 파란 색연필의 수)
=9×4=36(자루)
⇨ (색연필의 수의 합)=56+36
=92(자루)

답 92자루

31

32-33쪽

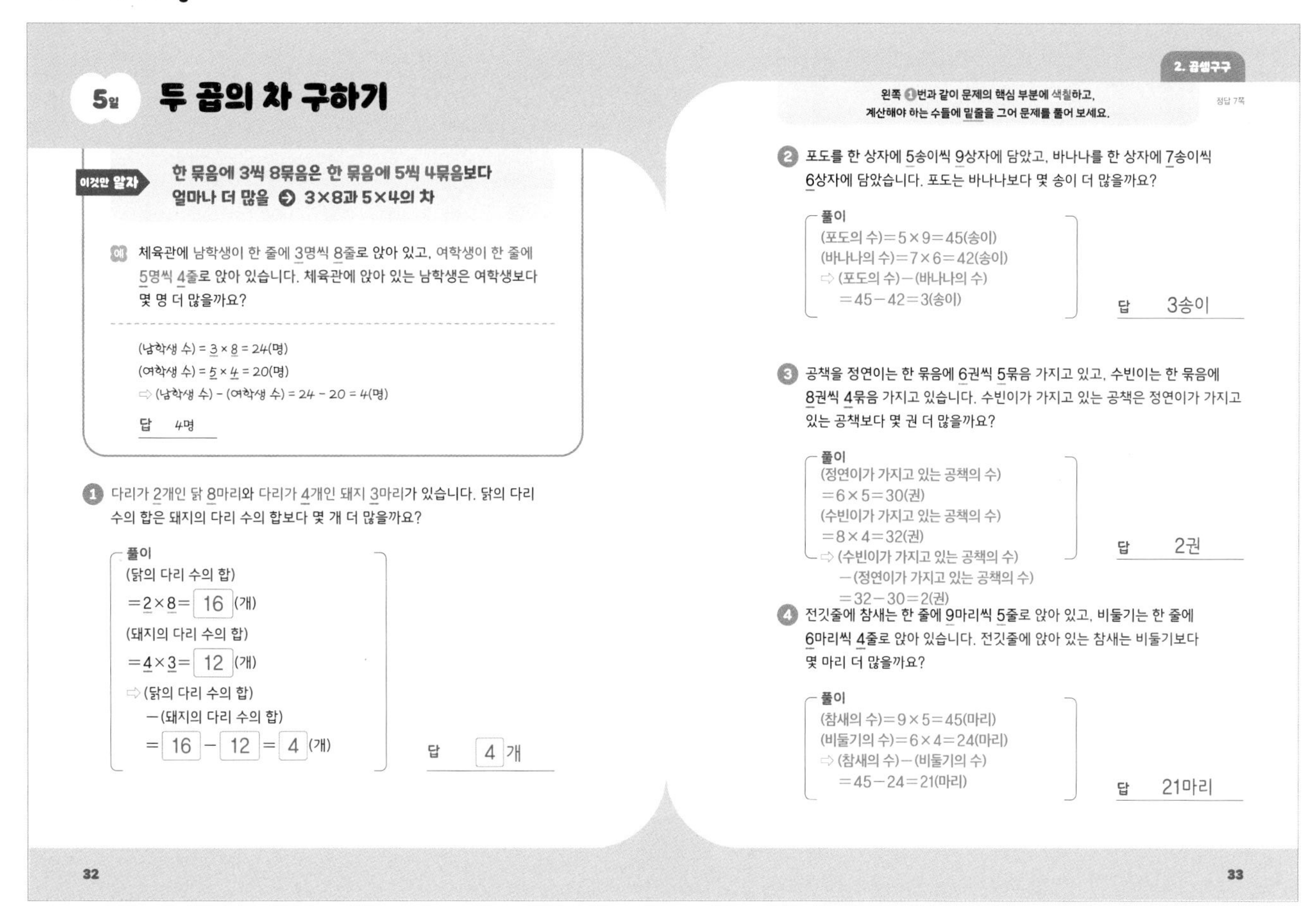

2. 곱셈구구

5일 두 곱의 차 구하기

이것만 알자 한 묶음에 3씩 8묶음은 한 묶음에 5씩 4묶음보다 얼마나 더 많을 ➔ 3×8과 5×4의 차

예 체육관에 남학생이 한 줄에 3명씩 8줄로 앉아 있고, 여학생이 한 줄에 5명씩 4줄로 앉아 있습니다. 체육관에 앉아 있는 남학생은 여학생보다 몇 명 더 많을까요?

(남학생 수) = 3 × 8 = 24(명)
(여학생 수) = 5 × 4 = 20(명)
⇨ (남학생 수) - (여학생 수) = 24 - 20 = 4(명)

답 4명

1 다리가 2개인 닭 8마리와 다리가 4개인 돼지 3마리가 있습니다. 닭의 다리 수의 합은 돼지의 다리 수의 합보다 몇 개 더 많을까요?

풀이
(닭의 다리 수의 합)
=2×8= 16 (개)
(돼지의 다리 수의 합)
=4×3= 12 (개)
⇨ (닭의 다리 수의 합)
−(돼지의 다리 수의 합)
= 16 − 12 = 4 (개)

답 4 개

왼쪽 1번과 같이 문제의 핵심 부분에 색칠하고, 계산해야 하는 수들에 밑줄을 그어 문제를 풀어 보세요.

정답 7쪽

2 포도를 한 상자에 5송이씩 9상자에 담았고, 바나나를 한 상자에 7송이씩 6상자에 담았습니다. 포도는 바나나보다 몇 송이 더 많을까요?

풀이
(포도의 수)=5×9=45(송이)
(바나나의 수)=7×6=42(송이)
⇨ (포도의 수)−(바나나의 수)
=45−42=3(송이)

답 3송이

3 공책을 정연이는 한 묶음에 6권씩 5묶음 가지고 있고, 수빈이는 한 묶음에 8권씩 4묶음 가지고 있습니다. 수빈이가 가지고 있는 공책은 정연이가 가지고 있는 공책보다 몇 권 더 많을까요?

풀이
(정연이가 가지고 있는 공책의 수)
=6×5=30(권)
(수빈이가 가지고 있는 공책의 수)
=8×4=32(권)
⇨ (수빈이가 가지고 있는 공책의 수)
−(정연이가 가지고 있는 공책의 수)
=32−30=2(권)

답 2권

4 전깃줄에 참새는 한 줄에 9마리씩 5줄로 앉아 있고, 비둘기는 한 줄에 6마리씩 4줄로 앉아 있습니다. 전깃줄에 앉아 있는 참새는 비둘기보다 몇 마리 더 많을까요?

풀이
(참새의 수)=9×5=45(마리)
(비둘기의 수)=6×4=24(마리)
⇨ (참새의 수)−(비둘기의 수)
=45−24=21(마리)

답 21마리

32 33

34-35쪽

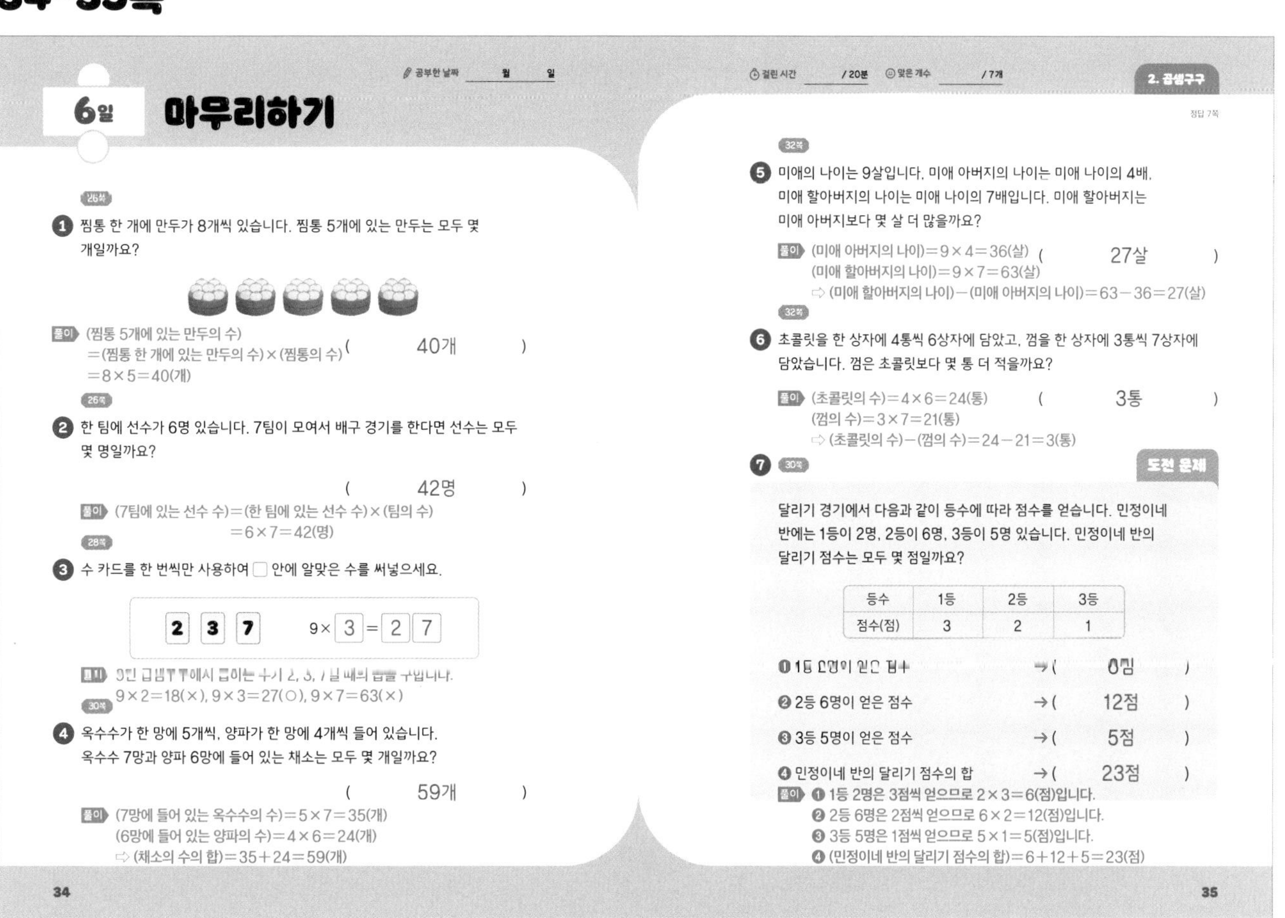

공부한 날짜 월 일

6일 마무리하기

26쪽
1 찜통 한 개에 만두가 8개씩 있습니다. 찜통 5개에 있는 만두는 모두 몇 개일까요?

(40개)

풀이 (찜통 5개에 있는 만두의 수)
=(찜통 한 개에 있는 만두의 수)×(찜통의 수)
=8×5=40(개)

26쪽
2 한 팀에 선수가 6명 있습니다. 7팀이 모여서 배구 경기를 한다면 선수는 모두 몇 명일까요?

(42명)

풀이 (7팀에 있는 선수 수)=(한 팀에 있는 선수 수)×(팀의 수)
=6×7=42(명)

28쪽
3 수 카드를 한 번씩만 사용하여 □ 안에 알맞은 수를 써넣으세요.

2 3 7　9× 3 = 2 7

풀이 9단 곱셈구구에서 곱이는 수가 2, 3, 7일 때의 곱을 구합니다.
9×2=18(×), 9×3=27(○), 9×7=63(×)

30쪽
4 옥수수가 한 망에 5개씩, 양파가 한 망에 4개씩 들어 있습니다. 옥수수 7망과 양파 6망에 들어 있는 채소는 모두 몇 개일까요?

(59개)

풀이 (7망에 들어 있는 옥수수의 수)=5×7=35(개)
(6망에 들어 있는 양파의 수)=4×6=24(개)
⇨ (채소의 수의 합)=35+24=59(개)

걸린 시간 /20분 맞은 개수 /7개

2. 곱셈구구

정답 7쪽

32쪽
5 미애의 나이는 9살입니다. 미애 아버지의 나이는 미애 나이의 4배, 미애 할아버지의 나이는 미애 나이의 7배입니다. 미애 할아버지는 미애 아버지보다 몇 살 더 많을까요?

(27살)

풀이 (미애 아버지의 나이)=9×4=36(살)
(미애 할아버지의 나이)=9×7=63(살)
⇨ (미애 할아버지의 나이)−(미애 아버지의 나이)=63−36=27(살)

32쪽
6 초콜릿을 한 상자에 4통씩 6상자에 담았고, 껌을 한 상자에 3통씩 7상자에 담았습니다. 껌은 초콜릿보다 몇 통 더 적을까요?

(3통)

풀이 (초콜릿의 수)=4×6=24(통)
(껌의 수)=3×7=21(통)
⇨ (초콜릿의 수)−(껌의 수)=24−21=3(통)

7 30쪽 도전 문제

달리기 경기에서 다음과 같이 등수에 따라 점수를 얻습니다. 민정이네 반에는 1등이 2명, 2등이 6명, 3등이 5명 있습니다. 민정이네 반의 달리기 점수는 모두 몇 점일까요?

등수	1등	2등	3등
점수(점)	3	2	1

❶ 1등 2명이 얻은 점수 → (6점)
❷ 2등 6명이 얻은 점수 → (12점)
❸ 3등 5명이 얻은 점수 → (5점)
❹ 민정이네 반의 달리기 점수의 합 → (23점)

풀이 ❶ 1등 2명은 3점씩 얻으므로 2×3=6(점)입니다.
❷ 2등 6명은 2점씩 얻으므로 6×2=12(점)입니다.
❸ 3등 5명은 1점씩 얻으므로 5×1=5(점)입니다.
❹ (민정이네 반의 달리기 점수의 합)=6+12+5=23(점)

34 35

3 길이 재기

38-39쪽

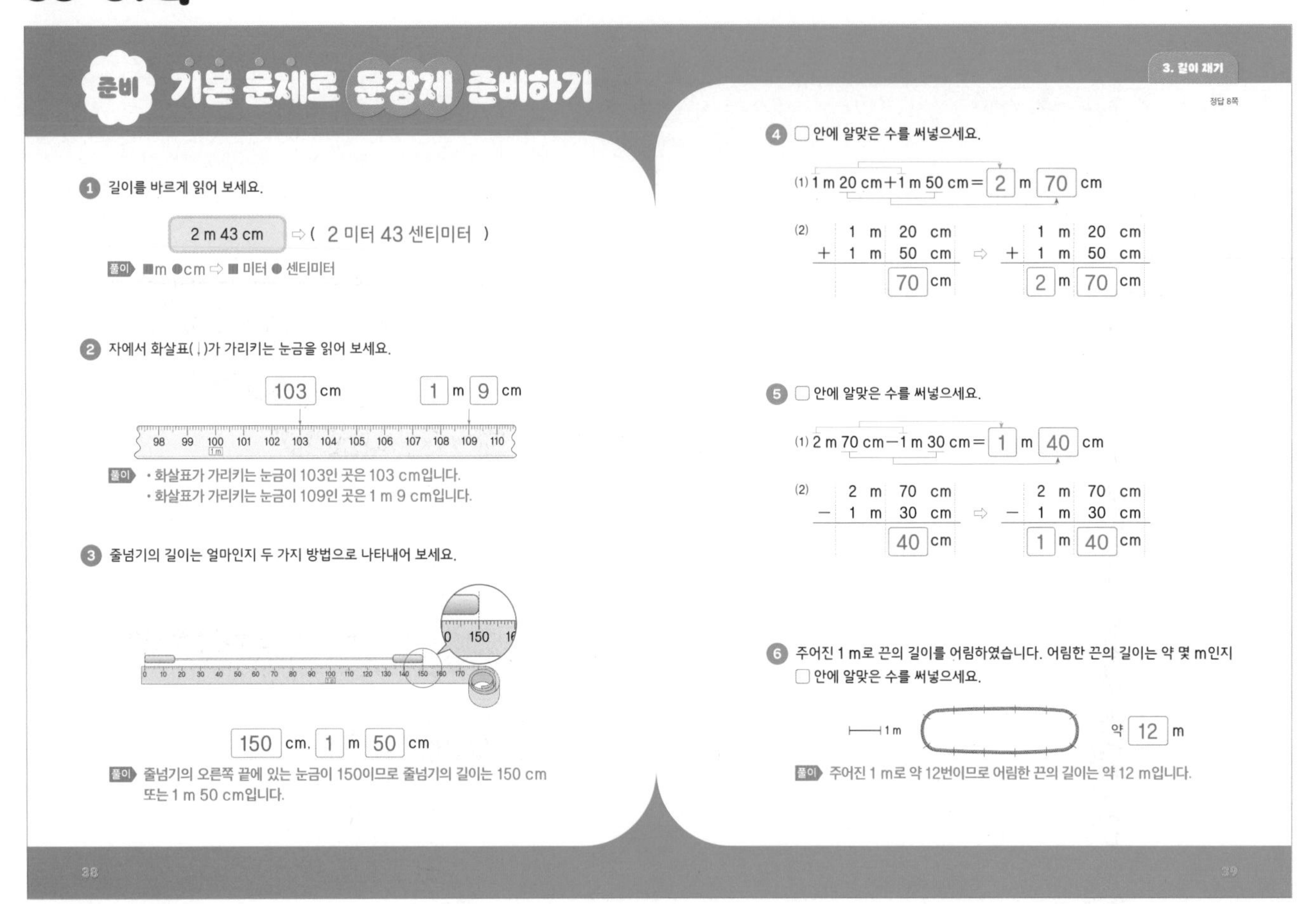

준비 기본 문제로 문장제 준비하기

3. 길이 재기

정답 8쪽

❶ 길이를 바르게 읽어 보세요.

2 m 43 cm ⇨ (2 미터 43 센티미터)

풀이 ■m ●cm ⇨ ■ 미터 ● 센티미터

❷ 자에서 화살표(↓)가 가리키는 눈금을 읽어 보세요.

103 cm　　1 m 9 cm

풀이 • 화살표가 가리키는 눈금이 103인 곳은 103 cm입니다.
• 화살표가 가리키는 눈금이 109인 곳은 1 m 9 cm입니다.

❸ 줄넘기의 길이는 얼마인지 두 가지 방법으로 나타내어 보세요.

150 cm, 1 m 50 cm

풀이 줄넘기의 오른쪽 끝에 있는 눈금이 150이므로 줄넘기의 길이는 150 cm 또는 1 m 50 cm입니다.

❹ □ 안에 알맞은 수를 써넣으세요.

(1) 1 m 20 cm + 1 m 50 cm = 2 m 70 cm

(2) 1 m 20 cm + 1 m 50 cm → 70 cm ⇨ 1 m 20 cm + 1 m 50 cm = 2 m 70 cm

❺ □ 안에 알맞은 수를 써넣으세요.

(1) 2 m 70 cm − 1 m 30 cm = 1 m 40 cm

(2) 2 m 70 cm − 1 m 30 cm → 40 cm ⇨ 2 m 70 cm − 1 m 30 cm = 1 m 40 cm

❻ 주어진 1 m로 끈의 길이를 어림하였습니다. 어림한 끈의 길이는 약 몇 m인지 □ 안에 알맞은 수를 써넣으세요.

약 12 m

풀이 주어진 1 m로 약 12번이므로 어림한 끈의 길이는 약 12 m입니다.

38　　39

40-41쪽

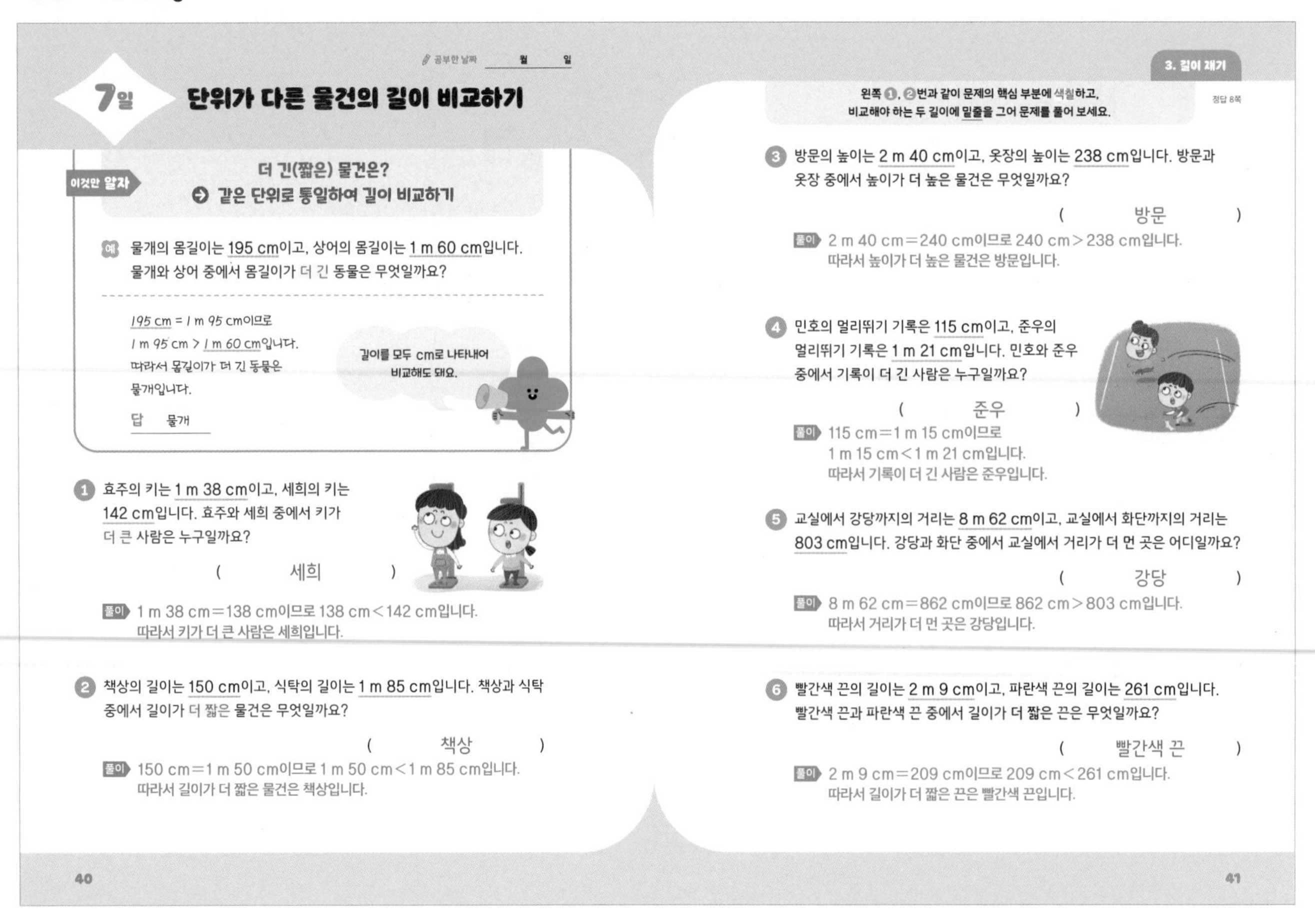

7일 단위가 다른 물건의 길이 비교하기

공부한 날짜 월 일

3. 길이 재기

정답 8쪽

이것만 알자 더 긴(짧은) 물건은? ➜ 같은 단위로 통일하여 길이 비교하기

예 물개의 몸길이는 195 cm이고, 상어의 몸길이는 1 m 60 cm입니다. 물개와 상어 중에서 몸길이가 더 긴 동물은 무엇일까요?

195 cm = 1 m 95 cm이므로 1 m 95 cm > 1 m 60 cm입니다. 따라서 몸길이가 더 긴 동물은 물개입니다.

답 물개

길이를 모두 cm로 나타내어 비교해도 돼요.

❶ 효주의 키는 1 m 38 cm이고, 세희의 키는 142 cm입니다. 효주와 세희 중에서 키가 더 큰 사람은 누구일까요?

(세희)

풀이 1 m 38 cm = 138 cm이므로 138 cm < 142 cm입니다. 따라서 키가 더 큰 사람은 세희입니다.

❷ 책상의 길이는 150 cm이고, 식탁의 길이는 1 m 85 cm입니다. 책상과 식탁 중에서 길이가 더 짧은 물건은 무엇일까요?

(책상)

풀이 150 cm = 1 m 50 cm이므로 1 m 50 cm < 1 m 85 cm입니다. 따라서 길이가 더 짧은 물건은 책상입니다.

왼쪽 ❶, ❷번과 같이 문제의 핵심 부분에 색칠하고, 비교해야 하는 두 길이에 밑줄을 그어 문제를 풀어 보세요.

❸ 방문의 높이는 2 m 40 cm이고, 옷장의 높이는 238 cm입니다. 방문과 옷장 중에서 높이가 더 높은 물건은 무엇일까요?

(방문)

풀이 2 m 40 cm = 240 cm이므로 240 cm > 238 cm입니다. 따라서 높이가 더 높은 물건은 방문입니다.

❹ 민호의 멀리뛰기 기록은 115 cm이고, 준우의 멀리뛰기 기록은 1 m 21 cm입니다. 민호와 준우 중에서 기록이 더 긴 사람은 누구일까요?

(준우)

풀이 115 cm = 1 m 15 cm이므로 1 m 15 cm < 1 m 21 cm입니다. 따라서 기록이 더 긴 사람은 준우입니다.

❺ 교실에서 강당까지의 거리는 8 m 62 cm이고, 교실에서 화단까지의 거리는 803 cm입니다. 강당과 화단 중에서 교실에서 거리가 더 먼 곳은 어디일까요?

(강당)

풀이 8 m 62 cm = 862 cm이므로 862 cm > 803 cm입니다. 따라서 거리가 더 먼 곳은 강당입니다.

❻ 빨간색 끈의 길이는 2 m 9 cm이고, 파란색 끈의 길이는 261 cm입니다. 빨간색 끈과 파란색 끈 중에서 길이가 더 짧은 끈은 무엇일까요?

(빨간색 끈)

풀이 2 m 9 cm = 209 cm이므로 209 cm < 261 cm입니다. 따라서 길이가 더 짧은 끈은 빨간색 끈입니다.

40　　41

42-43쪽

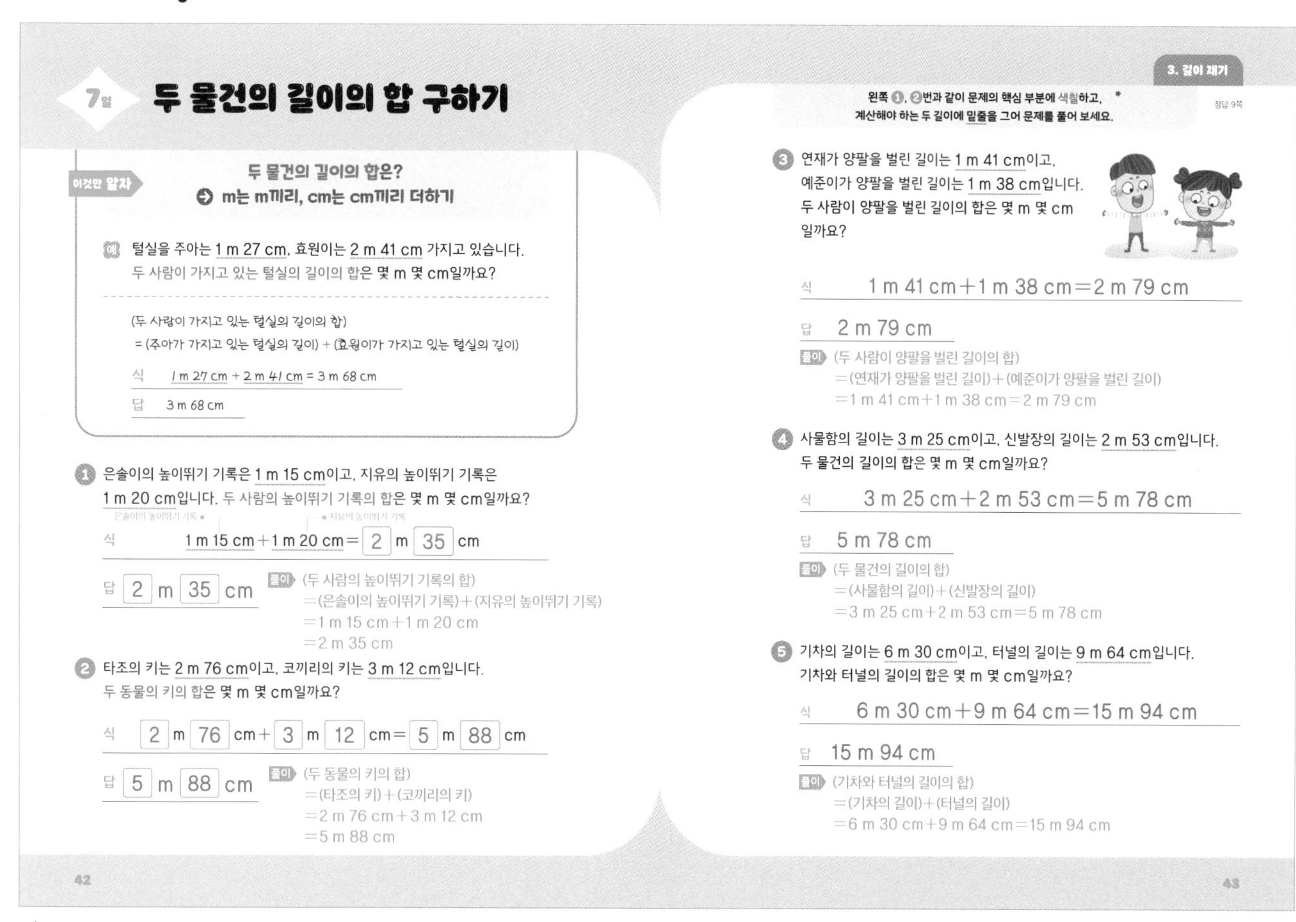

3. 길이 재기

7일 두 물건의 길이의 합 구하기

이것만 알자

두 물건의 길이의 합은?
➲ m는 m끼리, cm는 cm끼리 더하기

예 털실을 주아는 1 m 27 cm, 효원이는 2 m 41 cm 가지고 있습니다.
두 사람이 가지고 있는 털실의 길이의 합은 몇 m 몇 cm일까요?

(두 사람이 가지고 있는 털실의 길이의 합)
=(주아가 가지고 있는 털실의 길이)+(효원이가 가지고 있는 털실의 길이)

식 1 m 27 cm + 2 m 41 cm = 3 m 68 cm

답 3 m 68 cm

1 은솔이의 높이뛰기 기록은 1 m 15 cm이고, 지유의 높이뛰기 기록은 1 m 20 cm입니다. 두 사람의 높이뛰기 기록의 합은 몇 m 몇 cm일까요?

식 1 m 15 cm+1 m 20 cm= 2 m 35 cm

답 2 m 35 cm

풀이 (두 사람의 높이뛰기 기록의 합)
=(은솔이의 높이뛰기 기록)+(지유의 높이뛰기 기록)
=1 m 15 cm+1 m 20 cm
=2 m 35 cm

2 타조의 키는 2 m 76 cm이고, 코끼리의 키는 3 m 12 cm입니다.
두 동물의 키의 합은 몇 m 몇 cm일까요?

식 2 m 76 cm+ 3 m 12 cm= 5 m 88 cm

답 5 m 88 cm

풀이 (두 동물의 키의 합)
=(타조의 키)+(코끼리의 키)
=2 m 76 cm+3 m 12 cm
=5 m 88 cm

왼쪽 1, 2번과 같이 문제의 핵심 부분에 색칠하고, 계산해야 하는 두 길이에 밑줄을 그어 문제를 풀어 보세요.

정답 9쪽

3 연재가 양팔을 벌린 길이는 1 m 41 cm이고, 예준이가 양팔을 벌린 길이는 1 m 38 cm입니다. 두 사람이 양팔을 벌린 길이의 합은 몇 m 몇 cm일까요?

식 1 m 41 cm+1 m 38 cm=2 m 79 cm

답 2 m 79 cm

풀이 (두 사람이 양팔을 벌린 길이의 합)
=(연재가 양팔을 벌린 길이)+(예준이가 양팔을 벌린 길이)
=1 m 41 cm+1 m 38 cm=2 m 79 cm

4 사물함의 길이는 3 m 25 cm이고, 신발장의 길이는 2 m 53 cm입니다.
두 물건의 길이의 합은 몇 m 몇 cm일까요?

식 3 m 25 cm+2 m 53 cm=5 m 78 cm

답 5 m 78 cm

풀이 (두 물건의 길이의 합)
=(사물함의 길이)+(신발장의 길이)
=3 m 25 cm+2 m 53 cm=5 m 78 cm

5 기차의 길이는 6 m 30 cm이고, 터널의 길이는 9 m 64 cm입니다.
기차와 터널의 길이의 합은 몇 m 몇 cm일까요?

식 6 m 30 cm+9 m 64 cm=15 m 94 cm

답 15 m 94 cm

풀이 (기차와 터널의 길이의 합)
=(기차의 길이)+(터널의 길이)
=6 m 30 cm+9 m 64 cm=15 m 94 cm

42 43

44-45쪽

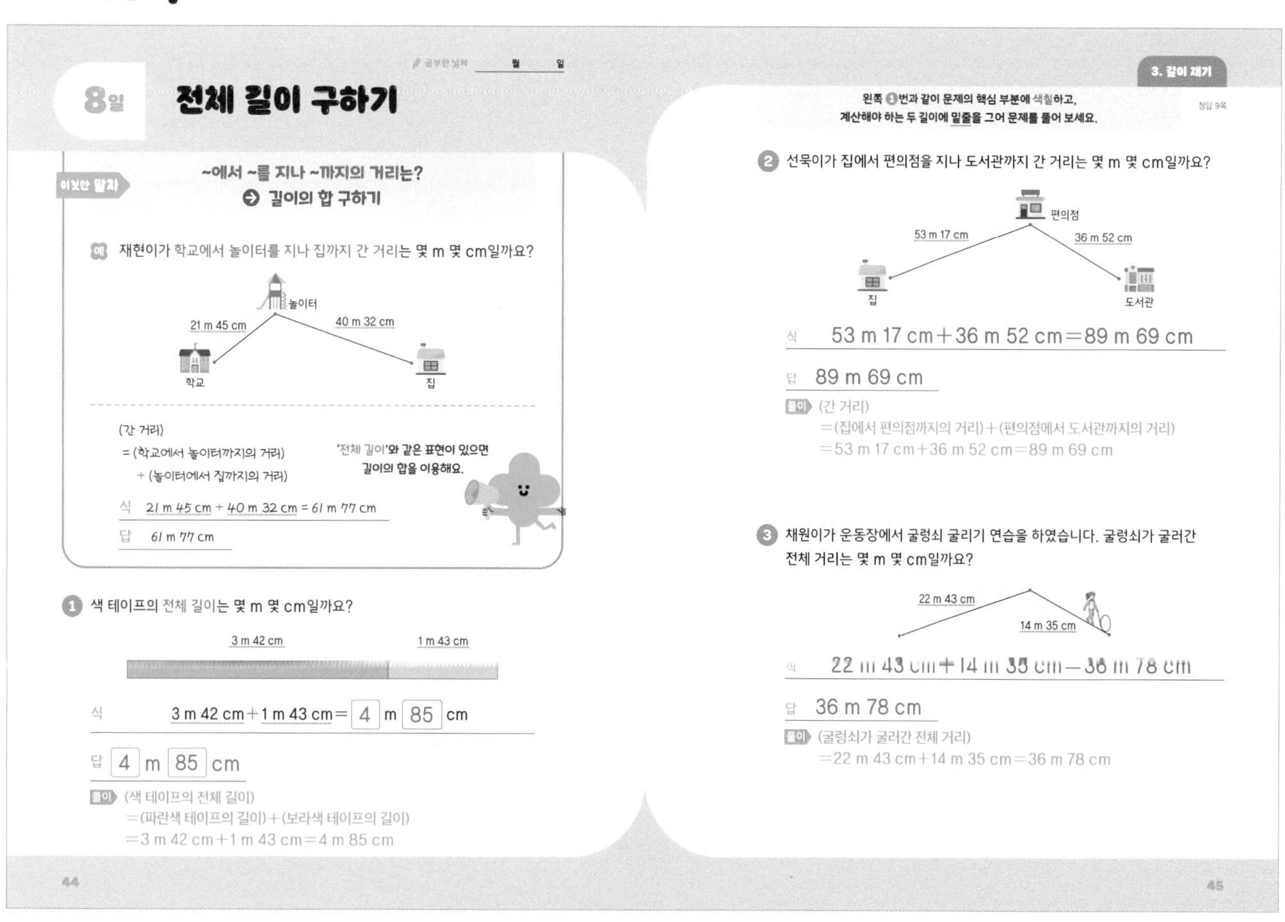

공부한 날짜 월 일

3. 길이 재기

8일 전체 길이 구하기

이것만 알자

~에서 ~를 지나 ~까지의 거리는?
➲ 길이의 합 구하기

예 재현이가 학교에서 놀이터를 지나 집까지 간 거리는 몇 m 몇 cm일까요?

놀이터
21 m 45 cm
40 m 32 cm
학교
집

(간 거리)
=(학교에서 놀이터까지의 거리)
+(놀이터에서 집까지의 거리)

'전체 길이'와 같은 표현이 있으면 길이의 합을 이용해요.

식 21 m 45 cm + 40 m 32 cm = 61 m 77 cm

답 61 m 77 cm

1 색 테이프의 전체 길이는 몇 m 몇 cm일까요?

3 m 42 cm
1 m 43 cm

식 3 m 42 cm+1 m 43 cm= 4 m 85 cm

답 4 m 85 cm

풀이 (색 테이프의 전체 길이)
=(파란색 테이프의 길이)+(보라색 테이프의 길이)
=3 m 42 cm+1 m 43 cm=4 m 85 cm

왼쪽 1번과 같이 문제의 핵심 부분에 색칠하고, 계산해야 하는 두 길이에 밑줄을 그어 문제를 풀어 보세요.

정답 9쪽

2 선묵이가 집에서 편의점을 지나 도서관까지 간 거리는 몇 m 몇 cm일까요?

편의점
53 m 17 cm
36 m 52 cm
집
도서관

식 53 m 17 cm+36 m 52 cm=89 m 69 cm

답 89 m 69 cm

풀이 (간 거리)
=(집에서 편의점까지의 거리)+(편의점에서 도서관까지의 거리)
=53 m 17 cm+36 m 52 cm=89 m 69 cm

3 채원이가 운동장에서 굴렁쇠 굴리기 연습을 하였습니다. 굴렁쇠가 굴러간 전체 거리는 몇 m 몇 cm일까요?

22 m 43 cm
14 m 35 cm

식 22 m 43 cm+14 m 35 cm=36 m 78 cm

답 36 m 78 cm

풀이 (굴렁쇠가 굴러간 전체 거리)
=22 m 43 cm+14 m 35 cm=36 m 78 cm

44 45

3 길이 재기

46-47쪽

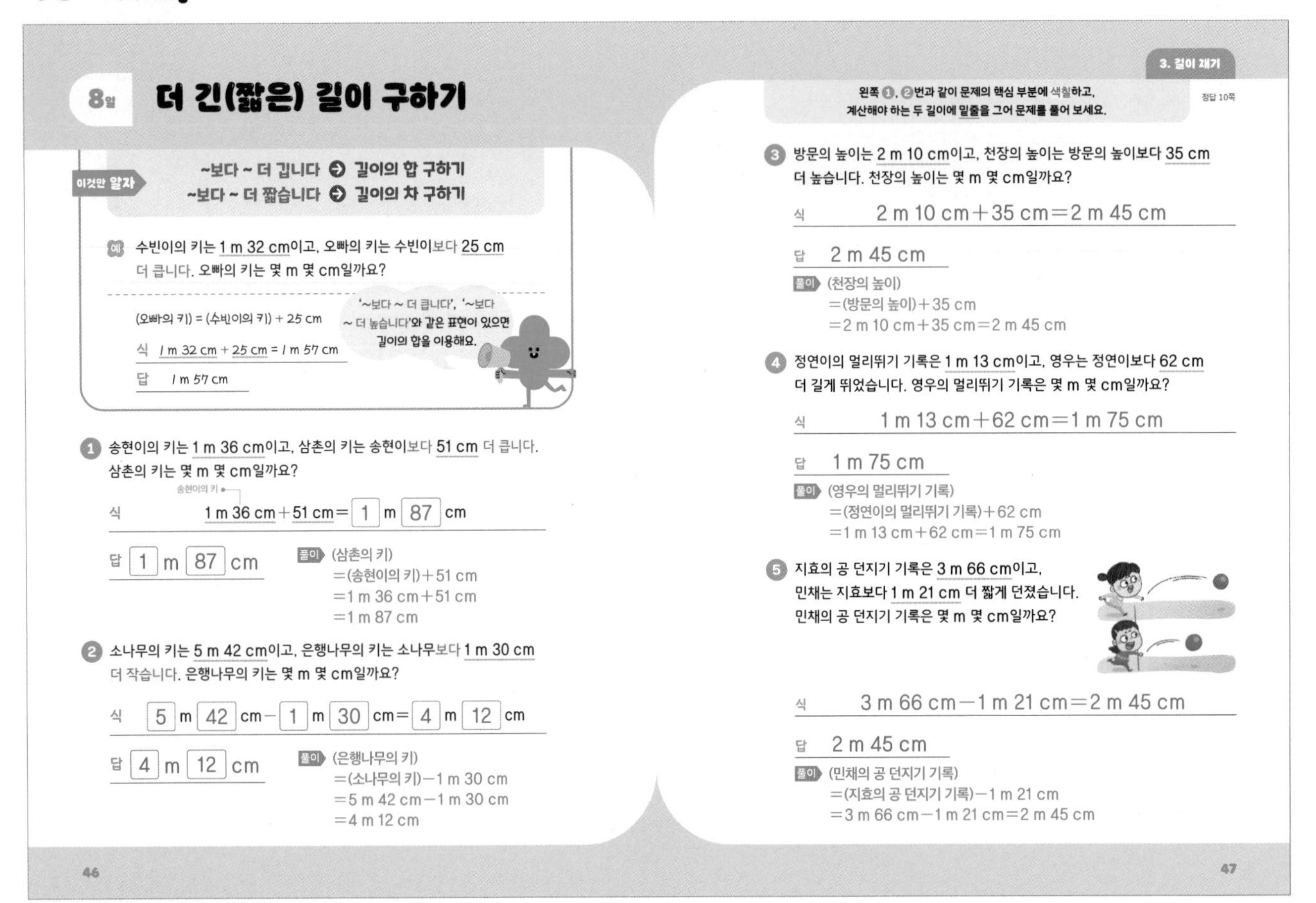

3. 길이 재기

8일 더 긴(짧은) 길이 구하기

이것만 알자
~보다 ~ 더 깁니다 ➔ 길이의 합 구하기
~보다 ~ 더 짧습니다 ➔ 길이의 차 구하기

예 수빈이의 키는 1 m 32 cm이고, 오빠의 키는 수빈이보다 25 cm 더 큽니다. 오빠의 키는 몇 m 몇 cm일까요?

(오빠의 키) = (수빈이의 키) + 25 cm

식 1 m 32 cm + 25 cm = 1 m 57 cm

답 1 m 57 cm

'~보다 ~ 더 큽니다', '~보다 ~ 더 높습니다'와 같은 표현이 있으면 길이의 합을 이용해요.

1 송현이의 키는 1 m 36 cm이고, 삼촌의 키는 송현이보다 51 cm 더 큽니다. 삼촌의 키는 몇 m 몇 cm일까요?

송현이의 키

식 1 m 36 cm + 51 cm = 1 m 87 cm

답 1 m 87 cm

풀이 (삼촌의 키)
=(송현이의 키)+51 cm
=1 m 36 cm+51 cm
=1 m 87 cm

2 소나무의 키는 5 m 42 cm이고, 은행나무의 키는 소나무보다 1 m 30 cm 더 작습니다. 은행나무의 키는 몇 m 몇 cm일까요?

식 5 m 42 cm − 1 m 30 cm = 4 m 12 cm

답 4 m 12 cm

풀이 (은행나무의 키)
=(소나무의 키)−1 m 30 cm
=5 m 42 cm−1 m 30 cm
=4 m 12 cm

46

왼쪽 1, 2번과 같이 문제의 핵심 부분에 색칠하고, 계산해야 하는 두 길이에 밑줄을 그어 문제를 풀어 보세요.

정답 10쪽

3 방문의 높이는 2 m 10 cm이고, 천장의 높이는 방문의 높이보다 35 cm 더 높습니다. 천장의 높이는 몇 m 몇 cm일까요?

식 2 m 10 cm+35 cm=2 m 45 cm

답 2 m 45 cm

풀이 (천장의 높이)
=(방문의 높이)+35 cm
=2 m 10 cm+35 cm=2 m 45 cm

4 정연이의 멀리뛰기 기록은 1 m 13 cm이고, 영우는 정연이보다 62 cm 더 길게 뛰었습니다. 영우의 멀리뛰기 기록은 몇 m 몇 cm일까요?

식 1 m 13 cm+62 cm=1 m 75 cm

답 1 m 75 cm

풀이 (영우의 멀리뛰기 기록)
=(정연이의 멀리뛰기 기록)+62 cm
=1 m 13 cm+62 cm=1 m 75 cm

5 지효의 공 던지기 기록은 3 m 66 cm이고, 민채는 지효보다 1 m 21 cm 더 짧게 던졌습니다. 민채의 공 던지기 기록은 몇 m 몇 cm일까요?

식 3 m 66 cm−1 m 21 cm=2 m 45 cm

답 2 m 45 cm

풀이 (민채의 공 던지기 기록)
=(지효의 공 던지기 기록)−1 m 21 cm
=3 m 66 cm−1 m 21 cm=2 m 45 cm

47

48-49쪽

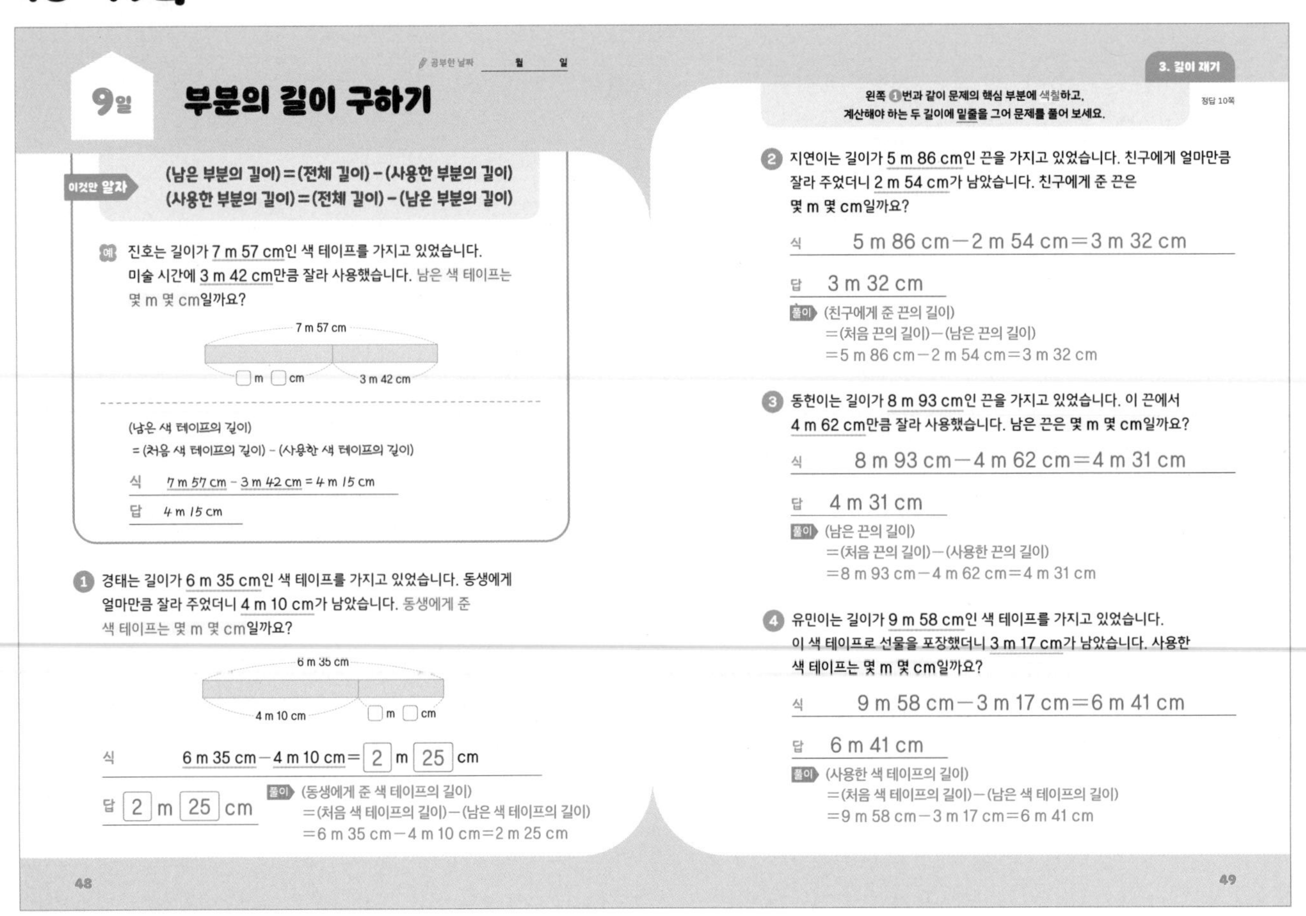

공부한 날짜 월 일

3. 길이 재기

9일 부분의 길이 구하기

이것만 알자
(남은 부분의 길이)=(전체 길이)−(사용한 부분의 길이)
(사용한 부분의 길이)=(전체 길이)−(남은 부분의 길이)

예 진호는 길이가 7 m 57 cm인 색 테이프를 가지고 있었습니다. 미술 시간에 3 m 42 cm만큼 잘라 사용했습니다. 남은 색 테이프는 몇 m 몇 cm일까요?

7 m 57 cm
□ m □ cm 3 m 42 cm

(남은 색 테이프의 길이)
=(처음 색 테이프의 길이) − (사용한 색 테이프의 길이)

식 7 m 57 cm − 3 m 42 cm = 4 m 15 cm

답 4 m 15 cm

1 경태는 길이가 6 m 35 cm인 색 테이프를 가지고 있었습니다. 동생에게 얼마만큼 잘라 주었더니 4 m 10 cm가 남았습니다. 동생에게 준 색 테이프는 몇 m 몇 cm일까요?

6 m 35 cm
4 m 10 cm □ m □ cm

식 6 m 35 cm − 4 m 10 cm = 2 m 25 cm

답 2 m 25 cm

풀이 (동생에게 준 색 테이프의 길이)
=(처음 색 테이프의 길이)−(남은 색 테이프의 길이)
=6 m 35 cm−4 m 10 cm=2 m 25 cm

48

왼쪽 1번과 같이 문제의 핵심 부분에 색칠하고, 계산해야 하는 두 길이에 밑줄을 그어 문제를 풀어 보세요.

정답 10쪽

2 지연이는 길이가 5 m 86 cm인 끈을 가지고 있었습니다. 친구에게 얼마만큼 잘라 주었더니 2 m 54 cm가 남았습니다. 친구에게 준 끈은 몇 m 몇 cm일까요?

식 5 m 86 cm−2 m 54 cm=3 m 32 cm

답 3 m 32 cm

풀이 (친구에게 준 끈의 길이)
=(처음 끈의 길이)−(남은 끈의 길이)
=5 m 86 cm−2 m 54 cm=3 m 32 cm

3 동현이는 길이가 8 m 93 cm인 끈을 가지고 있었습니다. 이 끈에서 4 m 62 cm만큼 잘라 사용했습니다. 남은 끈은 몇 m 몇 cm일까요?

식 8 m 93 cm−4 m 62 cm=4 m 31 cm

답 4 m 31 cm

풀이 (남은 끈의 길이)
=(처음 끈의 길이)−(사용한 끈의 길이)
=8 m 93 cm−4 m 62 cm=4 m 31 cm

4 유민이는 길이가 9 m 58 cm인 색 테이프를 가지고 있었습니다. 이 색 테이프로 선물을 포장했더니 3 m 17 cm가 남았습니다. 사용한 색 테이프는 몇 m 몇 cm일까요?

식 9 m 58 cm−3 m 17 cm=6 m 41 cm

답 6 m 41 cm

풀이 (사용한 색 테이프의 길이)
=(처음 색 테이프의 길이)−(남은 색 테이프의 길이)
=9 m 58 cm−3 m 17 cm=6 m 41 cm

49

50-51쪽

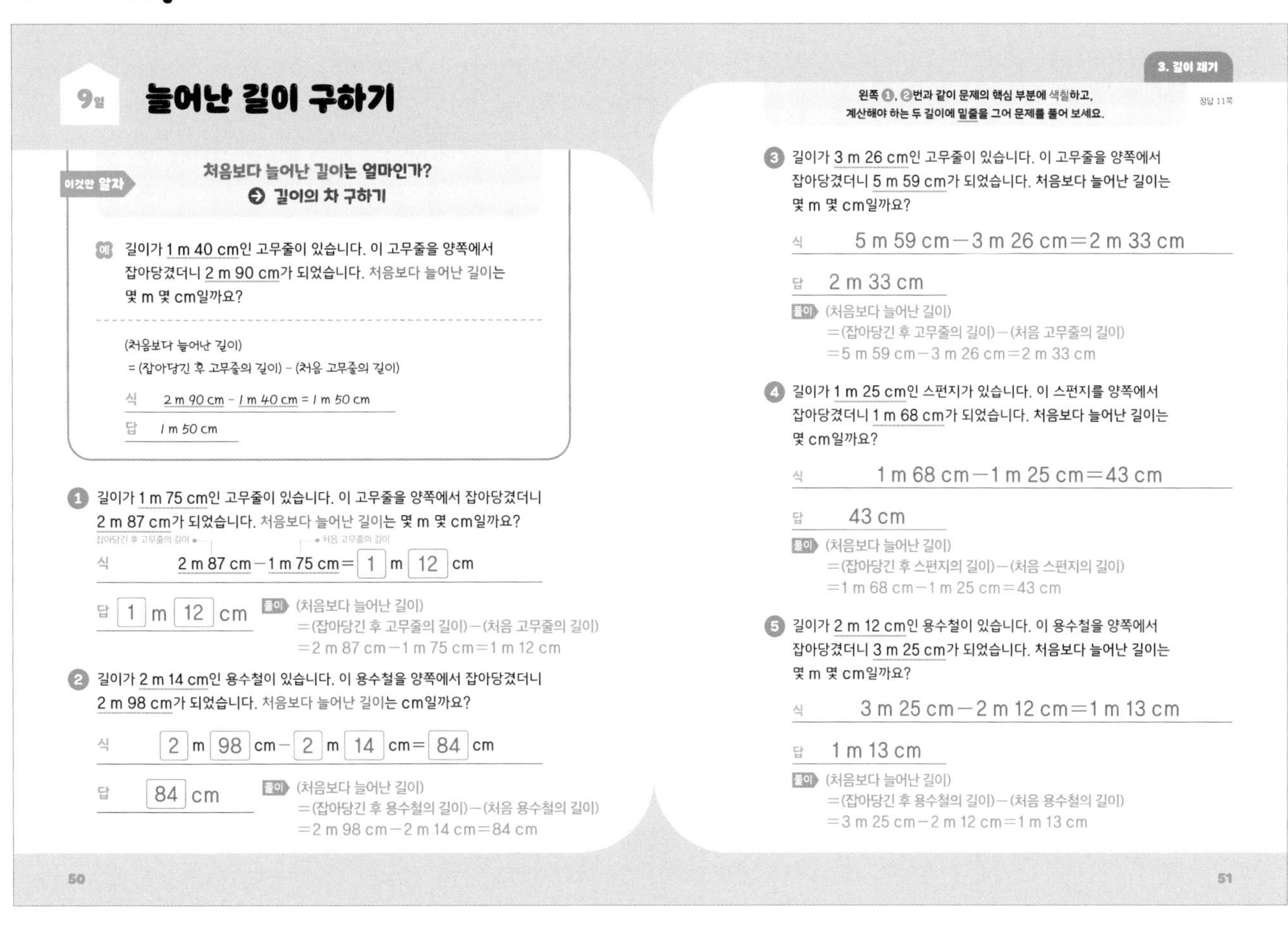

3. 길이 재기

9일 **늘어난 길이 구하기**

이것만 알자

처음보다 늘어난 길이는 얼마인가?
➔ 길이의 차 구하기

예 길이가 1 m 40 cm인 고무줄이 있습니다. 이 고무줄을 양쪽에서 잡아당겼더니 2 m 90 cm가 되었습니다. 처음보다 늘어난 길이는 몇 m 몇 cm일까요?

(처음보다 늘어난 길이)
=(잡아당긴 후 고무줄의 길이)-(처음 고무줄의 길이)

식 2 m 90 cm - 1 m 40 cm = 1 m 50 cm

답 1 m 50 cm

1. 길이가 1 m 75 cm인 고무줄이 있습니다. 이 고무줄을 양쪽에서 잡아당겼더니 2 m 87 cm가 되었습니다. 처음보다 늘어난 길이는 몇 m 몇 cm일까요?

잡아당긴 후 고무줄의 길이 / 처음 고무줄의 길이

식 2 m 87 cm−1 m 75 cm= 1 m 12 cm

답 1 m 12 cm

풀이 (처음보다 늘어난 길이)
=(잡아당긴 후 고무줄의 길이)−(처음 고무줄의 길이)
=2 m 87 cm−1 m 75 cm=1 m 12 cm

2. 길이가 2 m 14 cm인 용수철이 있습니다. 이 용수철을 양쪽에서 잡아당겼더니 2 m 98 cm가 되었습니다. 처음보다 늘어난 길이는 cm일까요?

식 2 m 98 cm− 2 m 14 cm= 84 cm

답 84 cm

풀이 (처음보다 늘어난 길이)
=(잡아당긴 후 용수철의 길이)−(처음 용수철의 길이)
=2 m 98 cm−2 m 14 cm=84 cm

왼쪽 1, 2번과 같이 문제의 핵심 부분에 색칠하고, 계산해야 하는 두 길이에 밑줄을 그어 문제를 풀어 보세요.

정답 11쪽

3. 길이가 3 m 26 cm인 고무줄이 있습니다. 이 고무줄을 양쪽에서 잡아당겼더니 5 m 59 cm가 되었습니다. 처음보다 늘어난 길이는 몇 m 몇 cm일까요?

식 5 m 59 cm−3 m 26 cm=2 m 33 cm

답 2 m 33 cm

풀이 (처음보다 늘어난 길이)
=(잡아당긴 후 고무줄의 길이)−(처음 고무줄의 길이)
=5 m 59 cm−3 m 26 cm=2 m 33 cm

4. 길이가 1 m 25 cm인 스펀지가 있습니다. 이 스펀지를 양쪽에서 잡아당겼더니 1 m 68 cm가 되었습니다. 처음보다 늘어난 길이는 몇 cm일까요?

식 1 m 68 cm−1 m 25 cm=43 cm

답 43 cm

풀이 (처음보다 늘어난 길이)
=(잡아당긴 후 스펀지의 길이)−(처음 스펀지의 길이)
=1 m 68 cm−1 m 25 cm=43 cm

5. 길이가 2 m 12 cm인 용수철이 있습니다. 이 용수철을 양쪽에서 잡아당겼더니 3 m 25 cm가 되었습니다. 처음보다 늘어난 길이는 몇 m 몇 cm일까요?

식 3 m 25 cm−2 m 12 cm=1 m 13 cm

답 1 m 13 cm

풀이 (처음보다 늘어난 길이)
=(잡아당긴 후 용수철의 길이)−(처음 용수철의 길이)
=3 m 25 cm−2 m 12 cm=1 m 13 cm

50 51

52-53쪽

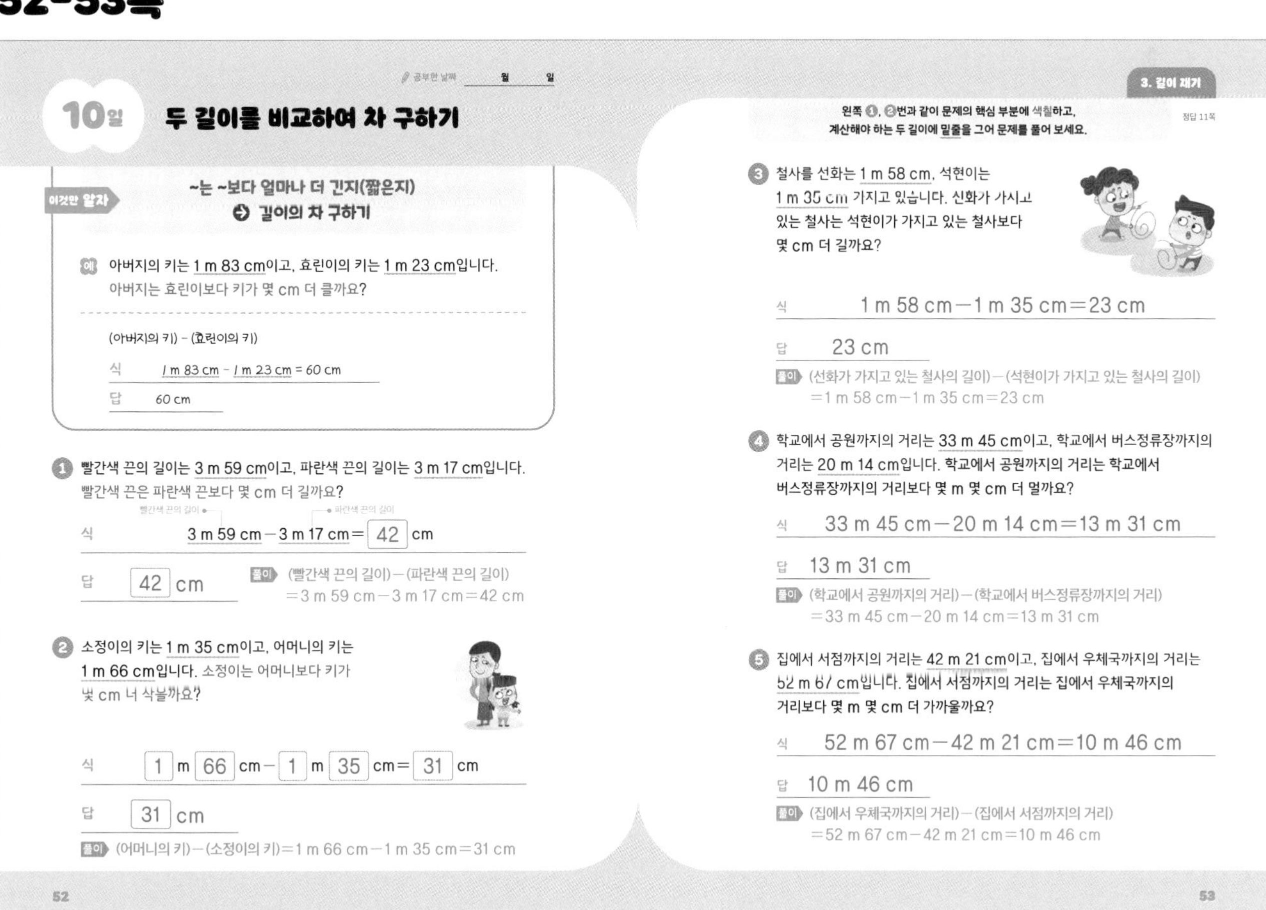

공부한 날짜 월 일

3. 길이 재기

10일 **두 길이를 비교하여 차 구하기**

이것만 알자

~는 ~보다 얼마나 더 긴지(짧은지)
➔ 길이의 차 구하기

예 아버지의 키는 1 m 83 cm이고, 효린이의 키는 1 m 23 cm입니다. 아버지는 효린이보다 키가 몇 cm 더 클까요?

(아버지의 키) - (효린이의 키)

식 1 m 83 cm - 1 m 23 cm = 60 cm

답 60 cm

1. 빨간색 끈의 길이는 3 m 59 cm이고, 파란색 끈의 길이는 3 m 17 cm입니다. 빨간색 끈은 파란색 끈보다 몇 cm 더 길까요?

빨간색 끈의 길이 / 파란색 끈의 길이

식 3 m 59 cm−3 m 17 cm= 42 cm

답 42 cm

풀이 (빨간색 끈의 길이)−(파란색 끈의 길이)
=3 m 59 cm−3 m 17 cm=42 cm

2. 소정이의 키는 1 m 35 cm이고, 어머니의 키는 1 m 66 cm입니다. 소정이는 어머니보다 키가 몇 cm 더 작을까요?

식 1 m 66 cm− 1 m 35 cm= 31 cm

답 31 cm

풀이 (어머니의 키)−(소정이의 키)=1 m 66 cm−1 m 35 cm=31 cm

왼쪽 1, 2번과 같이 문제의 핵심 부분에 색칠하고, 계산해야 하는 두 길이에 밑줄을 그어 문제를 풀어 보세요.

정답 11쪽

3. 철사를 선화는 1 m 58 cm, 석현이는 1 m 35 cm 가지고 있습니다. 선화가 가지고 있는 철사는 석현이가 가지고 있는 철사보다 몇 cm 더 길까요?

식 1 m 58 cm−1 m 35 cm=23 cm

답 23 cm

풀이 (선화가 가지고 있는 철사의 길이)−(석현이가 가지고 있는 철사의 길이)
=1 m 58 cm−1 m 35 cm=23 cm

4. 학교에서 공원까지의 거리는 33 m 45 cm이고, 학교에서 버스정류장까지의 거리는 20 m 14 cm입니다. 학교에서 공원까지의 거리는 학교에서 버스정류장까지의 거리보다 몇 m 몇 cm 더 멀까요?

식 33 m 45 cm−20 m 14 cm=13 m 31 cm

답 13 m 31 cm

풀이 (학교에서 공원까지의 거리)−(학교에서 버스정류장까지의 거리)
=33 m 45 cm−20 m 14 cm=13 m 31 cm

5. 집에서 서점까지의 거리는 42 m 21 cm이고, 집에서 우체국까지의 거리는 52 m 67 cm입니다. 집에서 서점까지의 거리는 집에서 우체국까지의 거리보다 몇 m 몇 cm 더 가까울까요?

식 52 m 67 cm−42 m 21 cm=10 m 46 cm

답 10 m 46 cm

풀이 (집에서 우체국까지의 거리)−(집에서 서점까지의 거리)
=52 m 67 cm−42 m 21 cm=10 m 46 cm

52 53

3 길이 재기

54-55쪽

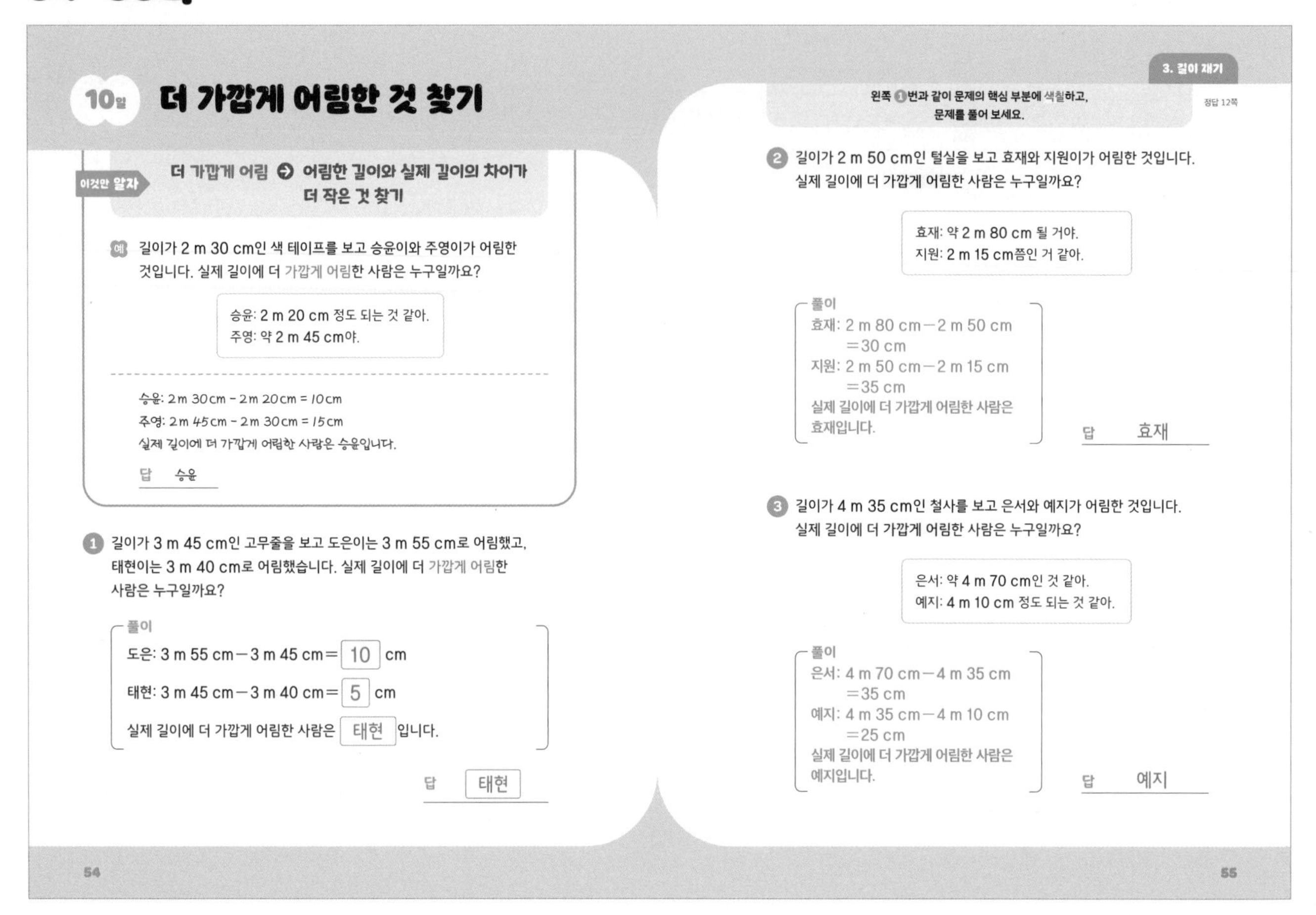

10일 더 가깝게 어림한 것 찾기

3. 길이 재기

이것만 알자 더 가깝게 어림 ➔ 어림한 길이와 실제 길이의 차이가 더 작은 것 찾기

예 길이가 2 m 30 cm인 색 테이프를 보고 승윤이와 주영이가 어림한 것입니다. 실제 길이에 더 가깝게 어림한 사람은 누구일까요?

승윤: 2 m 20 cm 정도 되는 것 같아.
주영: 약 2 m 45 cm야.

승윤: 2 m 30 cm - 2 m 20 cm = 10 cm
주영: 2 m 45 cm - 2 m 30 cm = 15 cm
실제 길이에 더 가깝게 어림한 사람은 승윤입니다.

답 승윤

1 길이가 3 m 45 cm인 고무줄을 보고 도은이는 3 m 55 cm로 어림했고, 태현이는 3 m 40 cm로 어림했습니다. 실제 길이에 더 가깝게 어림한 사람은 누구일까요?

풀이
도은: 3 m 55 cm − 3 m 45 cm = 10 cm
태현: 3 m 45 cm − 3 m 40 cm = 5 cm
실제 길이에 더 가깝게 어림한 사람은 태현 입니다.

답 태현

왼쪽 1번과 같이 문제의 핵심 부분에 색칠하고, 문제를 풀어 보세요.

정답 12쪽

2 길이가 2 m 50 cm인 털실을 보고 효재와 지원이가 어림한 것입니다. 실제 길이에 더 가깝게 어림한 사람은 누구일까요?

효재: 약 2 m 80 cm 될 거야.
지원: 2 m 15 cm쯤인 거 같아.

풀이
효재: 2 m 80 cm − 2 m 50 cm = 30 cm
지원: 2 m 50 cm − 2 m 15 cm = 35 cm
실제 길이에 더 가깝게 어림한 사람은 효재입니다.

답 효재

3 길이가 4 m 35 cm인 철사를 보고 은서와 예지가 어림한 것입니다. 실제 길이에 더 가깝게 어림한 사람은 누구일까요?

은서: 약 4 m 70 cm인 것 같아.
예지: 4 m 10 cm 정도 되는 것 같아.

풀이
은서: 4 m 70 cm − 4 m 35 cm = 35 cm
예지: 4 m 35 cm − 4 m 10 cm = 25 cm
실제 길이에 더 가깝게 어림한 사람은 예지입니다.

답 예지

54 55

56-57쪽

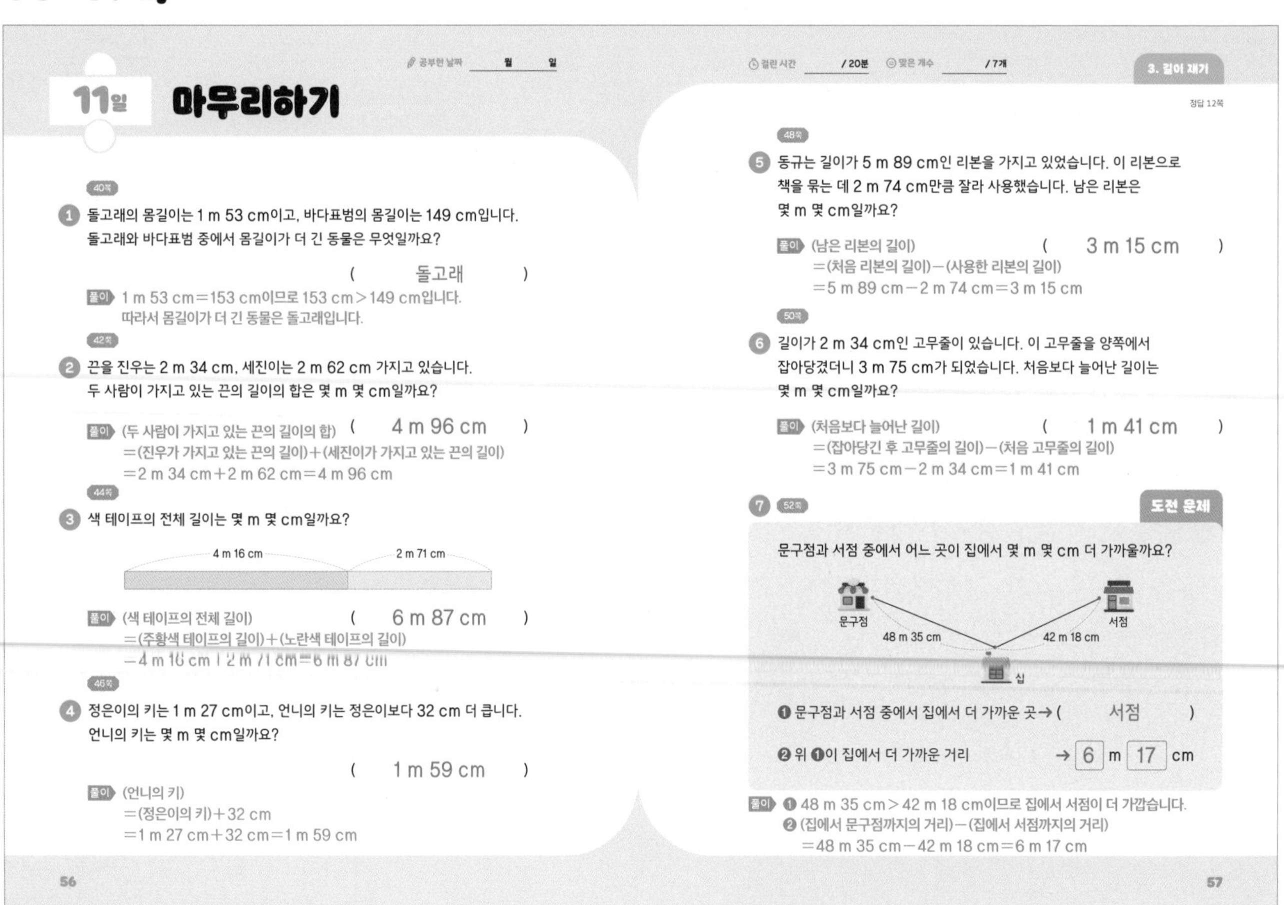

11일 마무리하기

공부한 날짜 월 일 걸린 시간 / 20분 맞은 개수 / 7개

3. 길이 재기

정답 12쪽

40쪽
1 돌고래의 몸길이는 1 m 53 cm이고, 바다표범의 몸길이는 149 cm입니다. 돌고래와 바다표범 중에서 몸길이가 더 긴 동물은 무엇일까요?
(돌고래)
풀이 1 m 53 cm = 153 cm이므로 153 cm > 149 cm입니다. 따라서 몸길이가 더 긴 동물은 돌고래입니다.

42쪽
2 끈을 진우는 2 m 34 cm, 세진이는 2 m 62 cm 가지고 있습니다. 두 사람이 가지고 있는 끈의 길이의 합은 몇 m 몇 cm일까요?
풀이 (두 사람이 가지고 있는 끈의 길이의 합) (4 m 96 cm)
= (진우가 가지고 있는 끈의 길이) + (세진이가 가지고 있는 끈의 길이)
= 2 m 34 cm + 2 m 62 cm = 4 m 96 cm

44쪽
3 색 테이프의 전체 길이는 몇 m 몇 cm일까요?
4 m 16 cm 2 m 71 cm
풀이 (색 테이프의 전체 길이) (6 m 87 cm)
= (주황색 테이프의 길이) + (노란색 테이프의 길이)
= 4 m 16 cm + 2 m 71 cm = 6 m 87 cm

46쪽
4 정은이의 키는 1 m 27 cm이고, 언니의 키는 정은이보다 32 cm 더 큽니다. 언니의 키는 몇 m 몇 cm일까요?
(1 m 59 cm)
풀이 (언니의 키)
= (정은이의 키) + 32 cm
= 1 m 27 cm + 32 cm = 1 m 59 cm

48쪽
5 동규는 길이가 5 m 89 cm인 리본을 가지고 있었습니다. 이 리본으로 책을 묶는 데 2 m 74 cm만큼 잘라 사용했습니다. 남은 리본은 몇 m 몇 cm일까요?
풀이 (남은 리본의 길이) (3 m 15 cm)
= (처음 리본의 길이) − (사용한 리본의 길이)
= 5 m 89 cm − 2 m 74 cm = 3 m 15 cm

50쪽
6 길이가 2 m 34 cm인 고무줄이 있습니다. 이 고무줄을 양쪽에서 잡아당겼더니 3 m 75 cm가 되었습니다. 처음보다 늘어난 길이는 몇 m 몇 cm일까요?
풀이 (처음보다 늘어난 길이) (1 m 41 cm)
= (잡아당긴 후 고무줄의 길이) − (처음 고무줄의 길이)
= 3 m 75 cm − 2 m 34 cm = 1 m 41 cm

7 52쪽 도전 문제
문구점과 서점 중에서 어느 곳이 집에서 몇 m 몇 cm 더 가까울까요?
문구점 서점 48 m 35 cm 42 m 18 cm 집
❶ 문구점과 서점 중에서 집에서 더 가까운 곳 → (서점)
❷ 위 ❶이 집에서 더 가까운 거리 → 6 m 17 cm
풀이 ❶ 48 m 35 cm > 42 m 18 cm이므로 집에서 서점이 더 가깝습니다.
❷ (집에서 문구점까지의 거리) − (집에서 서점까지의 거리)
= 48 m 35 cm − 42 m 18 cm = 6 m 17 cm

56 57

4 시각과 시간

60-61쪽

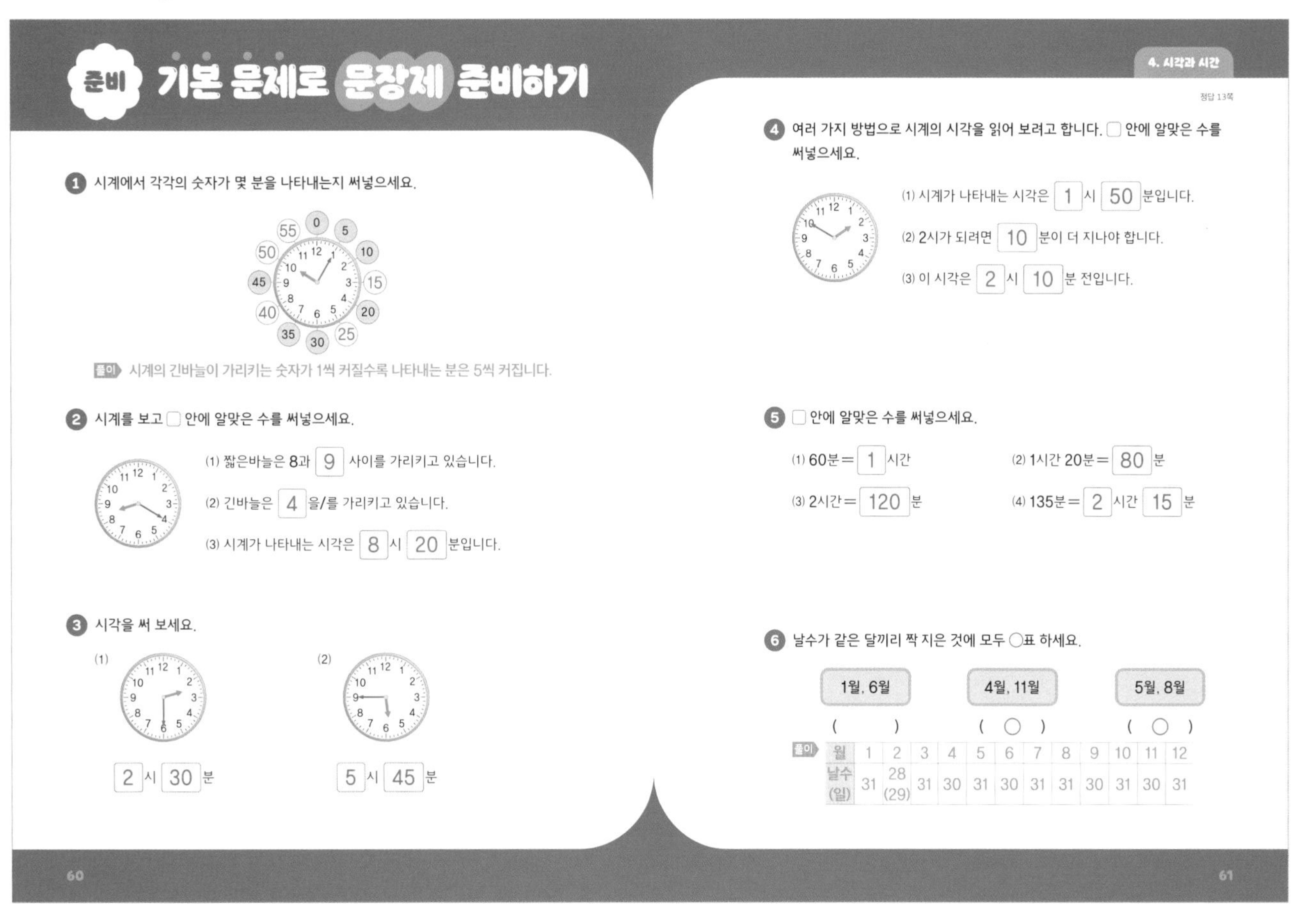

준비 기본 문제로 문장제 준비하기

4. 시각과 시간

정답 13쪽

1 시계에서 각각의 숫자가 몇 분을 나타내는지 써넣으세요.

0, 5, 10, 15, 20, 25, 30, 35, 40, 45, 50, 55

풀이 시계의 긴바늘이 가리키는 숫자가 1씩 커질수록 나타내는 분은 5씩 커집니다.

2 시계를 보고 □ 안에 알맞은 수를 써넣으세요.

(1) 짧은바늘은 8과 9 사이를 가리키고 있습니다.

(2) 긴바늘은 4 을/를 가리키고 있습니다.

(3) 시계가 나타내는 시각은 8 시 20 분입니다.

3 시각을 써 보세요.

(1) 2 시 30 분

(2) 5 시 45 분

4 여러 가지 방법으로 시계의 시각을 읽어 보려고 합니다. □ 안에 알맞은 수를 써넣으세요.

(1) 시계가 나타내는 시각은 1 시 50 분입니다.

(2) 2시가 되려면 10 분이 더 지나야 합니다.

(3) 이 시각은 2 시 10 분 전입니다.

5 □ 안에 알맞은 수를 써넣으세요.

(1) 60분= 1 시간

(2) 1시간 20분= 80 분

(3) 2시간= 120 분

(4) 135분= 2 시간 15 분

6 날수가 같은 달끼리 짝 지은 것에 모두 ○표 하세요.

1월, 6월 ( )

4월, 11월 (○)

5월, 8월 (○)

풀이

월	1	2	3	4	5	6	7	8	9	10	11	12
날수(일)	31	28 (29)	31	30	31	30	31	31	30	31	30	31

60

61

62-63쪽

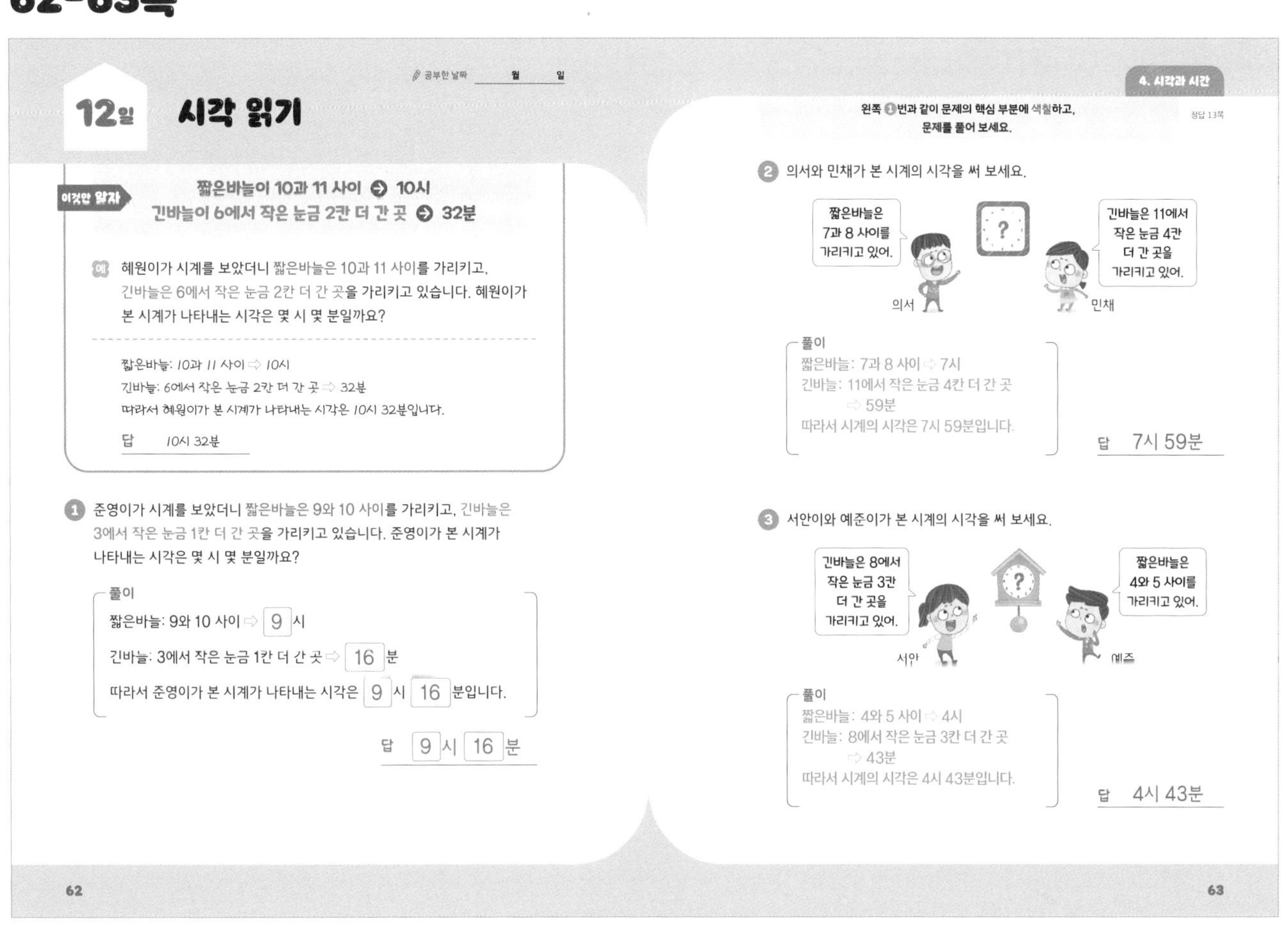

공부한 날짜 월 일

12일 시각 읽기

4. 시각과 시간

정답 13쪽

이것만 알자

짧은바늘이 10과 11 사이 ➔ 10시

긴바늘이 6에서 작은 눈금 2칸 더 간 곳 ➔ 32분

예 혜원이가 시계를 보았더니 짧은바늘은 10과 11 사이를 가리키고, 긴바늘은 6에서 작은 눈금 2칸 더 간 곳을 가리키고 있습니다. 혜원이가 본 시계가 나타내는 시각은 몇 시 몇 분일까요?

짧은바늘: 10과 11 사이 ⇨ 10시

긴바늘: 6에서 작은 눈금 2칸 더 간 곳 ⇨ 32분

따라서 혜원이가 본 시계가 나타내는 시각은 10시 32분입니다.

답 10시 32분

1 준영이가 시계를 보았더니 짧은바늘은 9와 10 사이를 가리키고, 긴바늘은 3에서 작은 눈금 1칸 더 간 곳을 가리키고 있습니다. 준영이가 본 시계가 나타내는 시각은 몇 시 몇 분일까요?

풀이

짧은바늘: 9와 10 사이 ⇨ 9 시

긴바늘: 3에서 작은 눈금 1칸 더 간 곳 ⇨ 16 분

따라서 준영이가 본 시계가 나타내는 시각은 9 시 16 분입니다.

답 9 시 16 분

왼쪽 1번과 같이 문제의 핵심 부분에 색칠하고, 문제를 풀어 보세요.

2 의서와 민채가 본 시계의 시각을 써 보세요.

짧은바늘은 7과 8 사이를 가리키고 있어.
의서
긴바늘은 11에서 작은 눈금 4칸 더 간 곳을 가리키고 있어.
민채

풀이

짧은바늘: 7과 8 사이 ⇨ 7시

긴바늘: 11에서 작은 눈금 4칸 더 간 곳 ⇨ 59분

따라서 시계의 시각은 7시 59분입니다.

답 7시 59분

3 서안이와 예준이가 본 시계의 시각을 써 보세요.

긴바늘은 8에서 작은 눈금 3칸 더 간 곳을 가리키고 있어.
서안
짧은바늘은 4와 5 사이를 가리키고 있어.
예준

풀이

짧은바늘: 4와 5 사이 ⇨ 4시

긴바늘: 8에서 작은 눈금 3칸 더 간 곳 ⇨ 43분

따라서 시계의 시각은 4시 43분입니다.

답 4시 43분

62

63

4 시각과 시간

64-65쪽

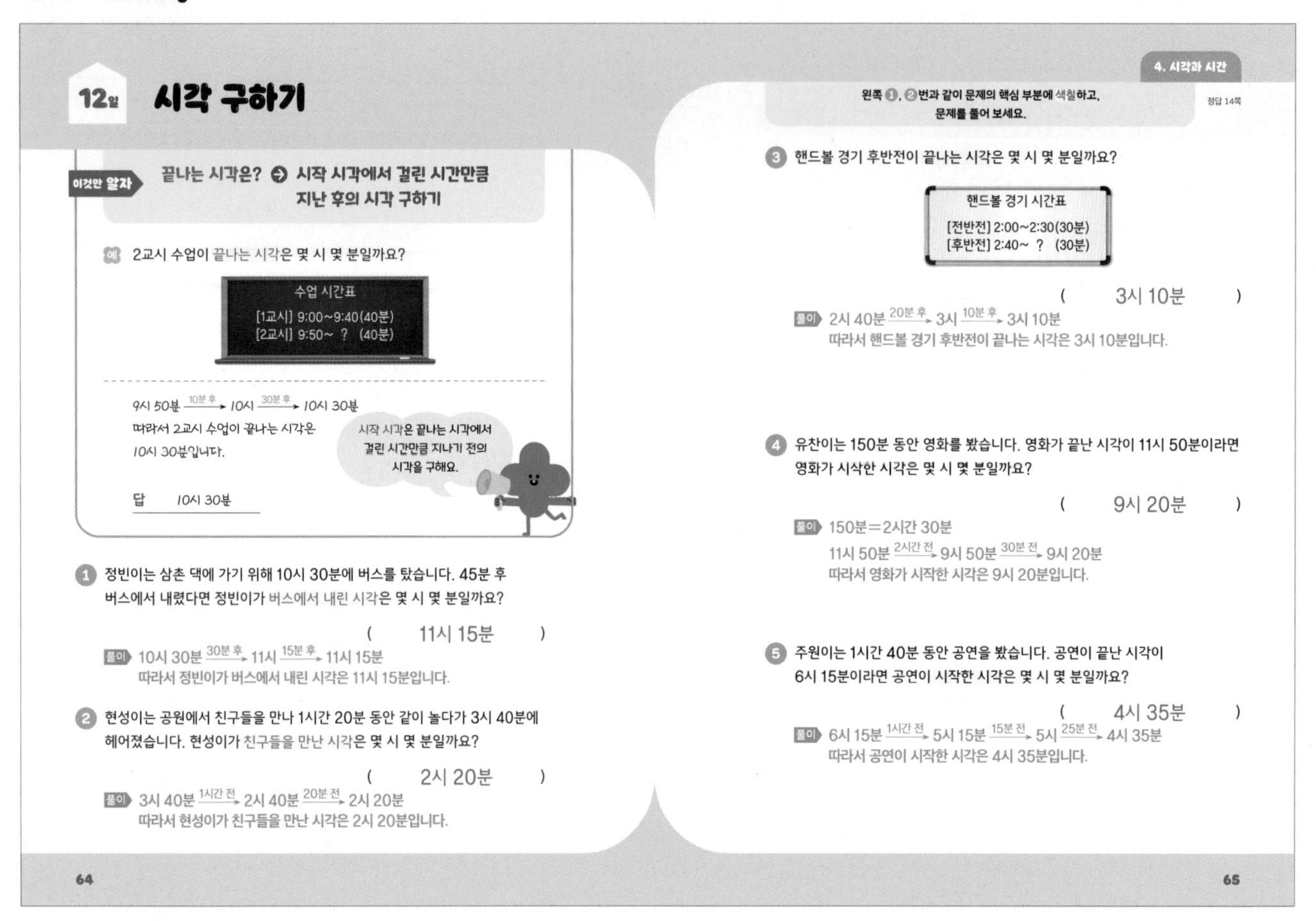

4. 시각과 시간

12일 시각 구하기

이것만 알자 끝나는 시각은? ➔ 시작 시각에서 걸린 시간만큼 지난 후의 시각 구하기

예 2교시 수업이 끝나는 시각은 몇 시 몇 분일까요?

수업 시간표
[1교시] 9:00~9:40(40분)
[2교시] 9:50~ ? (40분)

9시 50분 $\xrightarrow{10분 후}$ 10시 $\xrightarrow{30분 후}$ 10시 30분
따라서 2교시 수업이 끝나는 시각은 10시 30분입니다.

시작 시각은 끝나는 시각에서 걸린 시간만큼 지나기 전의 시각을 구해요.

답 10시 30분

① 정빈이는 삼촌 댁에 가기 위해 10시 30분에 버스를 탔습니다. 45분 후 버스에서 내렸다면 정빈이가 버스에서 내린 시각은 몇 시 몇 분일까요?

(11시 15분)

풀이 10시 30분 $\xrightarrow{30분 후}$ 11시 $\xrightarrow{15분 후}$ 11시 15분
따라서 정빈이가 버스에서 내린 시각은 11시 15분입니다.

② 현성이는 공원에서 친구들을 만나 1시간 20분 동안 같이 놀다가 3시 40분에 헤어졌습니다. 현성이가 친구들을 만난 시각은 몇 시 몇 분일까요?

(2시 20분)

풀이 3시 40분 $\xrightarrow{1시간 전}$ 2시 40분 $\xrightarrow{20분 전}$ 2시 20분
따라서 현성이가 친구들을 만난 시각은 2시 20분입니다.

왼쪽 ①, ②번과 같이 문제의 핵심 부분에 색칠하고, 문제를 풀어 보세요. 정답 14쪽

③ 핸드볼 경기 후반전이 끝나는 시각은 몇 시 몇 분일까요?

핸드볼 경기 시간표
[전반전] 2:00~2:30(30분)
[후반전] 2:40~ ? (30분)

(3시 10분)

풀이 2시 40분 $\xrightarrow{20분 후}$ 3시 $\xrightarrow{10분 후}$ 3시 10분
따라서 핸드볼 경기 후반전이 끝나는 시각은 3시 10분입니다.

④ 유찬이는 150분 동안 영화를 봤습니다. 영화가 끝난 시각이 11시 50분이라면 영화가 시작한 시각은 몇 시 몇 분일까요?

(9시 20분)

풀이 150분=2시간 30분
11시 50분 $\xrightarrow{2시간 전}$ 9시 50분 $\xrightarrow{30분 전}$ 9시 20분
따라서 영화가 시작한 시각은 9시 20분입니다.

⑤ 주원이는 1시간 40분 동안 공연을 봤습니다. 공연이 끝난 시각이 6시 15분이라면 공연이 시작한 시각은 몇 시 몇 분일까요?

(4시 35분)

풀이 6시 15분 $\xrightarrow{1시간 전}$ 5시 15분 $\xrightarrow{15분 전}$ 5시 $\xrightarrow{25분 전}$ 4시 35분
따라서 공연이 시작한 시각은 4시 35분입니다.

64 65

66-67쪽

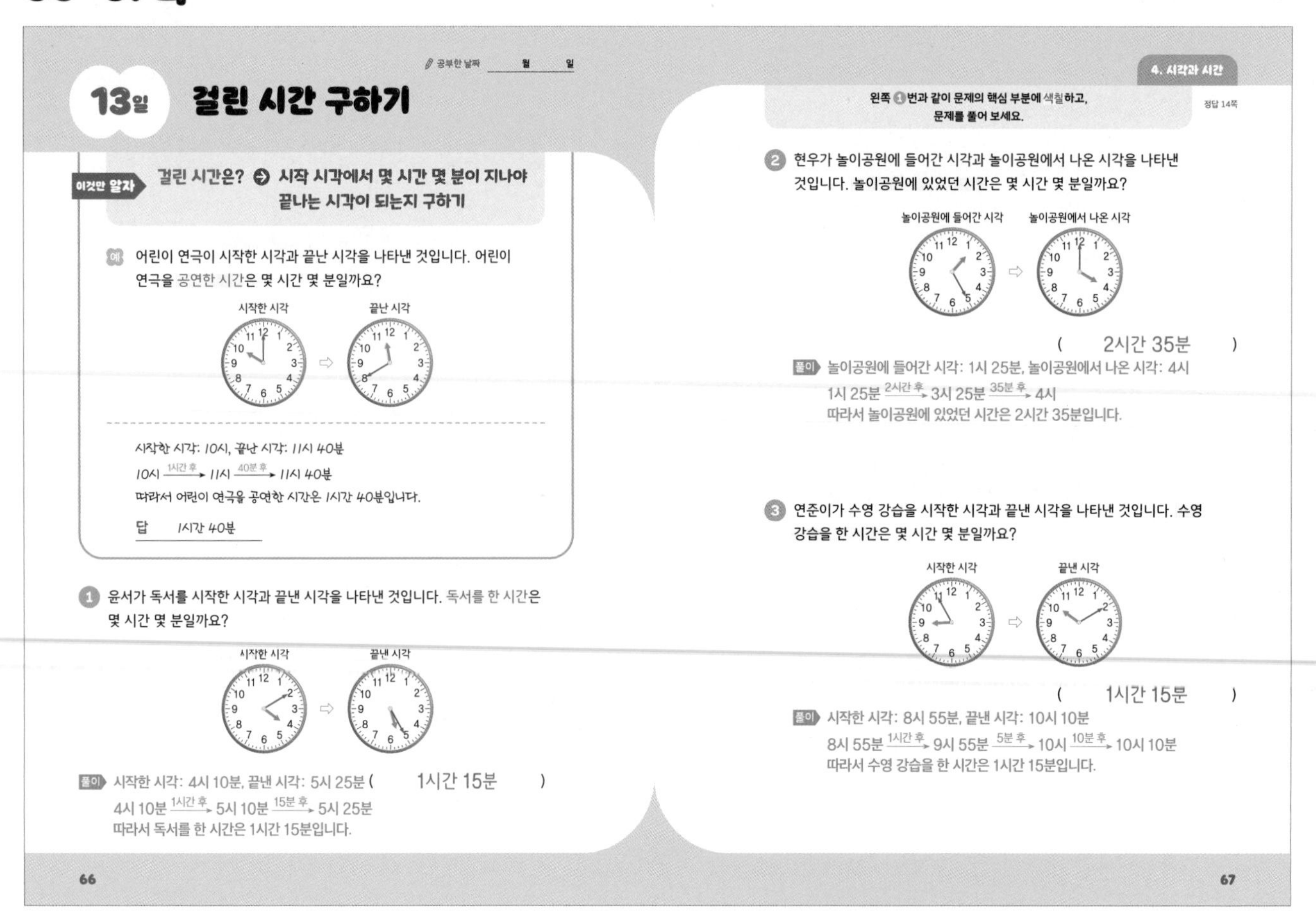

공부한 날짜 월 일

4. 시각과 시간

13일 걸린 시간 구하기

이것만 알자 걸린 시간은? ➔ 시작 시각에서 몇 시간 몇 분이 지나야 끝나는 시각이 되는지 구하기

예 어린이 연극이 시작한 시각과 끝난 시각을 나타낸 것입니다. 어린이 연극을 공연한 시간은 몇 시간 몇 분일까요?

시작한 시각 끝난 시각

시작한 시각: 10시, 끝난 시각: 11시 40분
10시 $\xrightarrow{1시간 후}$ 11시 $\xrightarrow{40분 후}$ 11시 40분
따라서 어린이 연극을 공연한 시간은 1시간 40분입니다.

답 1시간 40분

① 윤서가 독서를 시작한 시각과 끝낸 시각을 나타낸 것입니다. 독서를 한 시간은 몇 시간 몇 분일까요?

시작한 시각 끝낸 시각

(1시간 15분)

풀이 시작한 시각: 4시 10분, 끝낸 시각: 5시 25분
4시 10분 $\xrightarrow{1시간 후}$ 5시 10분 $\xrightarrow{15분 후}$ 5시 25분
따라서 독서를 한 시간은 1시간 15분입니다.

왼쪽 ①번과 같이 문제의 핵심 부분에 색칠하고, 문제를 풀어 보세요. 정답 14쪽

② 현우가 놀이공원에 들어간 시각과 놀이공원에서 나온 시각을 나타낸 것입니다. 놀이공원에 있었던 시간은 몇 시간 몇 분일까요?

놀이공원에 들어간 시각 놀이공원에서 나온 시각

(2시간 35분)

풀이 놀이공원에 들어간 시각: 1시 25분, 놀이공원에서 나온 시각: 4시
1시 25분 $\xrightarrow{2시간 후}$ 3시 25분 $\xrightarrow{35분 후}$ 4시
따라서 놀이공원에 있었던 시간은 2시간 35분입니다.

③ 연준이가 수영 강습을 시작한 시각과 끝낸 시각을 나타낸 것입니다. 수영 강습을 한 시간은 몇 시간 몇 분일까요?

시작한 시각 끝낸 시각

(1시간 15분)

풀이 시작한 시각: 8시 55분, 끝낸 시각: 10시 10분
8시 55분 $\xrightarrow{1시간 후}$ 9시 55분 $\xrightarrow{5분 후}$ 10시 $\xrightarrow{10분 후}$ 10시 10분
따라서 수영 강습을 한 시간은 1시간 15분입니다.

66 67

68-69쪽

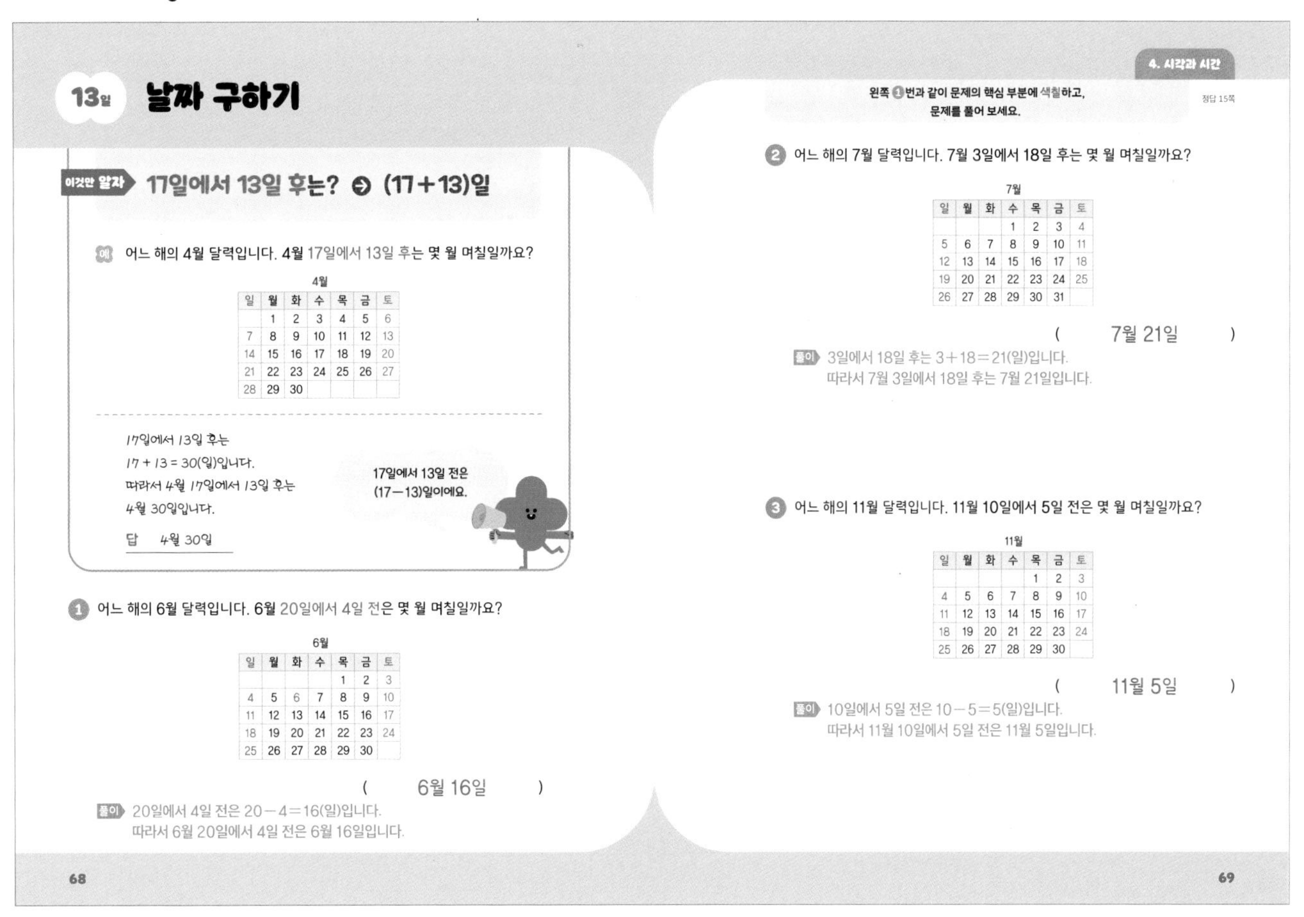

4. 시각과 시간

13일 날짜 구하기

이것만 알자 17일에서 13일 후는? ➔ (17+13)일

예 어느 해의 4월 달력입니다. 4월 17일에서 13일 후는 몇 월 며칠일까요?

4월

일	월	화	수	목	금	토
	1	2	3	4	5	6
7	8	9	10	11	12	13
14	15	16	17	18	19	20
21	22	23	24	25	26	27
28	29	30				

17일에서 13일 후는
$17+13=30$(일)입니다.
따라서 4월 17일에서 13일 후는
4월 30일입니다.

답 4월 30일

17일에서 13일 전은 (17−13)일이에요.

1 어느 해의 6월 달력입니다. 6월 20일에서 4일 전은 몇 월 며칠일까요?

6월

일	월	화	수	목	금	토
				1	2	3
4	5	6	7	8	9	10
11	12	13	14	15	16	17
18	19	20	21	22	23	24
25	26	27	28	29	30	

(6월 16일)

풀이 20일에서 4일 전은 $20-4=16$(일)입니다.
따라서 6월 20일에서 4일 전은 6월 16일입니다.

왼쪽 1번과 같이 문제의 핵심 부분에 색칠하고, 문제를 풀어 보세요.

정답 15쪽

2 어느 해의 7월 달력입니다. 7월 3일에서 18일 후는 몇 월 며칠일까요?

7월

일	월	화	수	목	금	토
				1	2	3	4
5	6	7	8	9	10	11
12	13	14	15	16	17	18
19	20	21	22	23	24	25
26	27	28	29	30	31	

(7월 21일)

풀이 3일에서 18일 후는 $3+18=21$(일)입니다.
따라서 7월 3일에서 18일 후는 7월 21일입니다.

3 어느 해의 11월 달력입니다. 11월 10일에서 5일 전은 몇 월 며칠일까요?

11월

일	월	화	수	목	금	토
					1	2	3
4	5	6	7	8	9	10
11	12	13	14	15	16	17
18	19	20	21	22	23	24
25	26	27	28	29	30	

(11월 5일)

풀이 10일에서 5일 전은 $10-5=5$(일)입니다.
따라서 11월 10일에서 5일 전은 11월 5일입니다.

68 69

70-71쪽

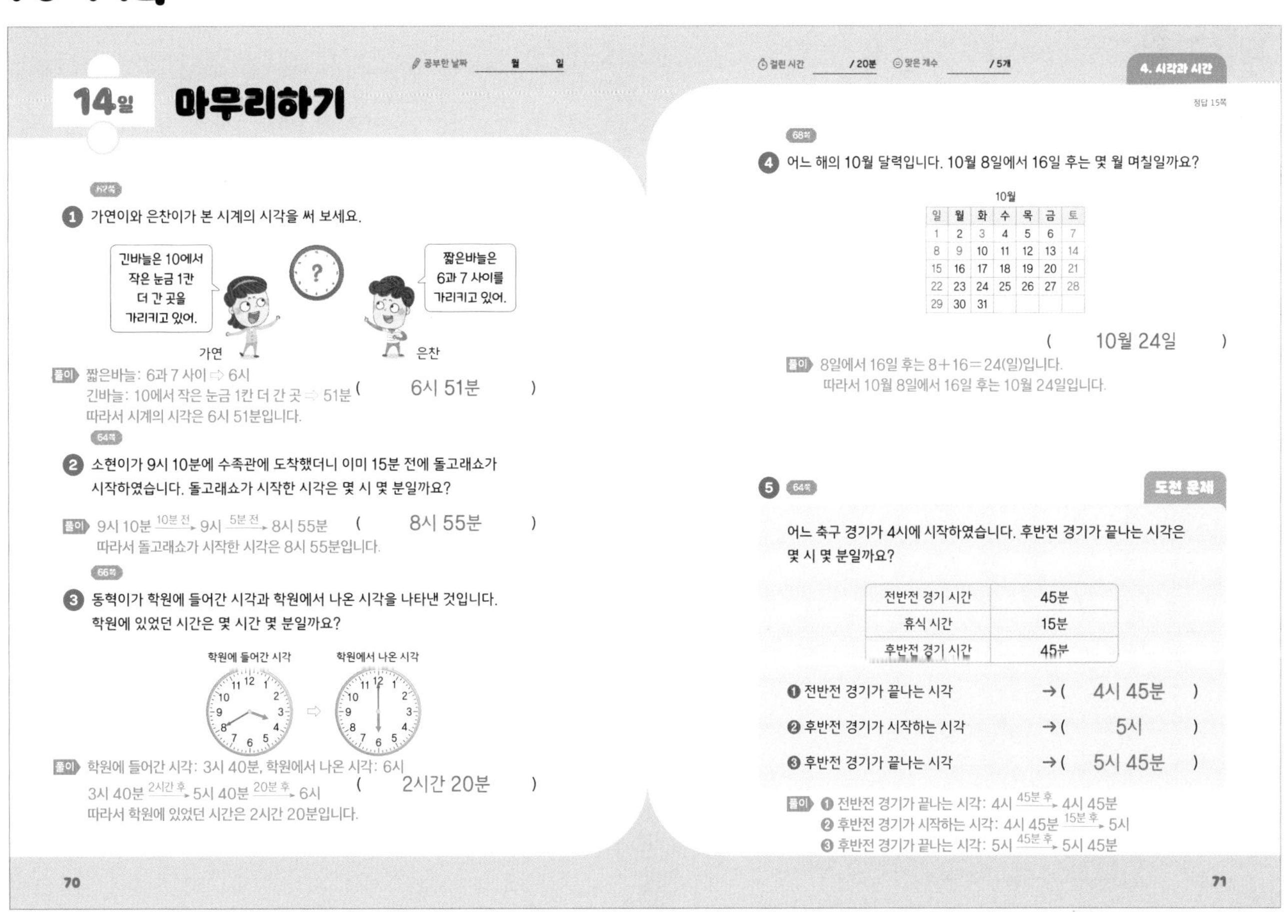

공부한 날짜 월 일

14일 마무리하기

1 가연이와 은찬이가 본 시계의 시각을 써 보세요.

긴바늘은 10에서 작은 눈금 1칸 더 간 곳을 가리키고 있어.
?
짧은바늘은 6과 7 사이를 가리키고 있어.
가연
은찬

풀이 짧은바늘: 6과 7 사이 ⇨ 6시
긴바늘: 10에서 작은 눈금 1칸 더 간 곳 ⇨ 51분
따라서 시계의 시각은 6시 51분입니다.

(6시 51분)

2 소현이가 9시 10분에 수족관에 도착했더니 이미 15분 전에 돌고래쇼가 시작하였습니다. 돌고래쇼가 시작한 시각은 몇 시 몇 분일까요?

풀이 9시 10분 $\xrightarrow{10분 전}$ 9시 $\xrightarrow{5분 전}$ 8시 55분
따라서 돌고래쇼가 시작한 시각은 8시 55분입니다.

(8시 55분)

3 동혁이가 학원에 들어간 시각과 학원에서 나온 시각을 나타낸 것입니다. 학원에 있었던 시간은 몇 시간 몇 분일까요?

풀이 학원에 들어간 시각: 3시 40분, 학원에서 나온 시각: 6시
3시 40분 $\xrightarrow{2시간 후}$ 5시 40분 $\xrightarrow{20분 후}$ 6시
따라서 학원에 있었던 시간은 2시간 20분입니다.

(2시간 20분)

걸린 시간 /20분 맞은 개수 /5개

4. 시각과 시간

정답 15쪽

4 어느 해의 10월 달력입니다. 10월 8일에서 16일 후는 몇 월 며칠일까요?

10월

일	월	화	수	목	금	토
1	2	3	4	5	6	7
8	9	10	11	12	13	14
15	16	17	18	19	20	21
22	23	24	25	26	27	28
29	30	31				

(10월 24일)

풀이 8일에서 16일 후는 $8+16=24$(일)입니다.
따라서 10월 8일에서 16일 후는 10월 24일입니다.

5 **도전 문제**

어느 축구 경기가 4시에 시작하였습니다. 후반전 경기가 끝나는 시각은 몇 시 몇 분일까요?

전반전 경기 시간	45분
휴식 시간	15분
후반전 경기 시간	45분

❶ 전반전 경기가 끝나는 시각 →(4시 45분)
❷ 후반전 경기가 시작하는 시각 →(5시)
❸ 후반전 경기가 끝나는 시각 →(5시 45분)

풀이 ❶ 전반전 경기가 끝나는 시각: 4시 $\xrightarrow{45분 후}$ 4시 45분
❷ 후반전 경기가 시작하는 시각: 4시 45분 $\xrightarrow{15분 후}$ 5시
❸ 후반전 경기가 끝나는 시각: 5시 $\xrightarrow{45분 후}$ 5시 45분

70 71

5 표와 그래프

74-75쪽

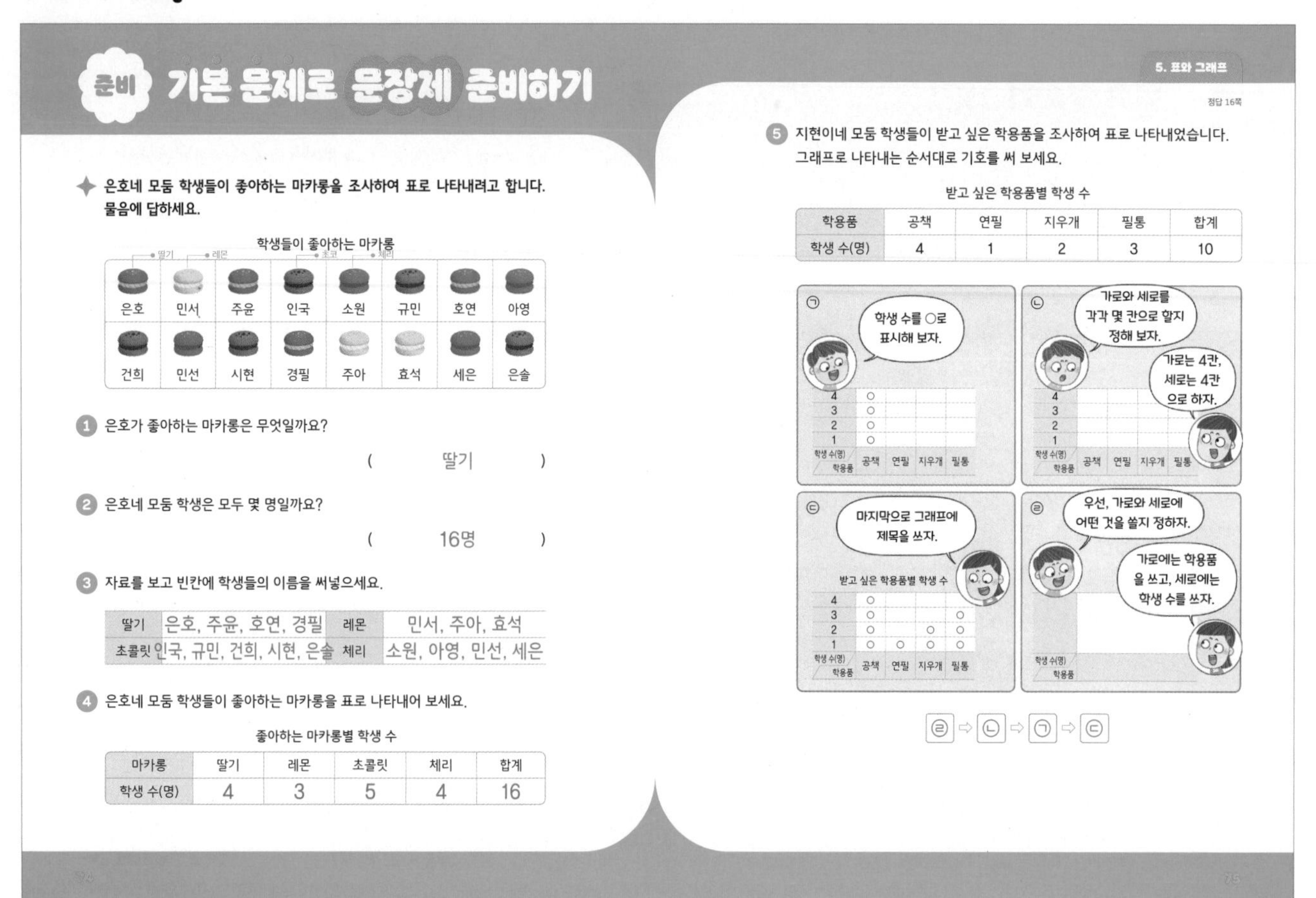

정답 16쪽

준비 기본 문제로 문장제 준비하기

✦ 은호네 모둠 학생들이 좋아하는 마카롱을 조사하여 표로 나타내려고 합니다. 물음에 답하세요.

학생들이 좋아하는 마카롱

1 은호가 좋아하는 마카롱은 무엇일까요?

(딸기)

2 은호네 모둠 학생은 모두 몇 명일까요?

(16명)

3 자료를 보고 빈칸에 학생들의 이름을 써넣으세요.

딸기	은호, 주윤, 호연, 경필	레몬	민서, 주아, 효석
초콜릿	인국, 규민, 건희, 시현, 은솔	체리	소원, 아영, 민선, 세은

4 은호네 모둠 학생들이 좋아하는 마카롱을 표로 나타내어 보세요.

좋아하는 마카롱별 학생 수

마카롱	딸기	레몬	초콜릿	체리	합계
학생 수(명)	4	3	5	4	16

5 지현이네 모둠 학생들이 받고 싶은 학용품을 조사하여 표로 나타내었습니다. 그래프로 나타내는 순서대로 기호를 써 보세요.

받고 싶은 학용품별 학생 수

학용품	공책	연필	지우개	필통	합계
학생 수(명)	4	1	2	3	10

㉣ ⇨ ㉡ ⇨ ㉠ ⇨ ㉢

76-77쪽

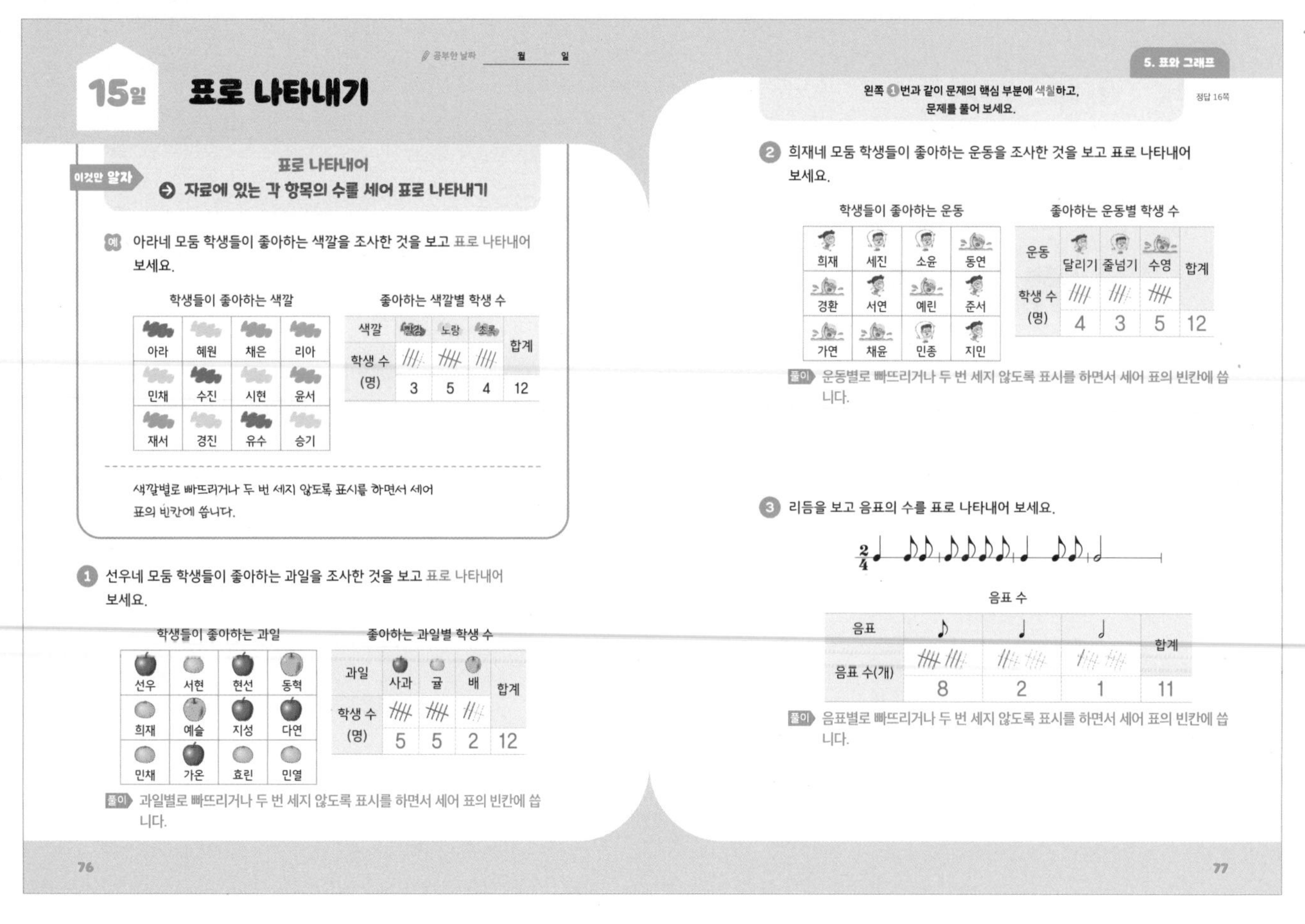

공부한 날짜 월 일

정답 16쪽

15일 표로 나타내기

이것만 알자 표로 나타내어 ➔ 자료에 있는 각 항목의 수를 세어 표로 나타내기

예 아라네 모둠 학생들이 좋아하는 색깔을 조사한 것을 보고 표로 나타내어 보세요.

학생들이 좋아하는 색깔

좋아하는 색깔별 학생 수

색깔	빨강	노랑	초록	합계
학생 수(명)	3	5	4	12

색깔별로 빠뜨리거나 두 번 세지 않도록 표시를 하면서 세어 표의 빈칸에 씁니다.

1 선우네 모둠 학생들이 좋아하는 과일을 조사한 것을 보고 표로 나타내어 보세요.

학생들이 좋아하는 과일

좋아하는 과일별 학생 수

과일	사과	귤	배	합계
학생 수(명)	5	5	2	12

풀이 과일별로 빠뜨리거나 두 번 세지 않도록 표시를 하면서 세어 표의 빈칸에 씁니다.

왼쪽 1번과 같이 문제의 핵심 부분에 색칠하고, 문제를 풀어 보세요.

2 희재네 모둠 학생들이 좋아하는 운동을 조사한 것을 보고 표로 나타내어 보세요.

학생들이 좋아하는 운동

좋아하는 운동별 학생 수

운동	달리기	줄넘기	수영	합계
학생 수(명)	4	3	5	12

풀이 운동별로 빠뜨리거나 두 번 세지 않도록 표시를 하면서 세어 표의 빈칸에 씁니다.

3 리듬을 보고 음표의 수를 표로 나타내어 보세요.

음표 수

음표	♪	♩	𝅗𝅥	합계
음표 수(개)	8	2	1	11

풀이 음표별로 빠뜨리거나 두 번 세지 않도록 표시를 하면서 세어 표의 빈칸에 씁니다.

78-79쪽

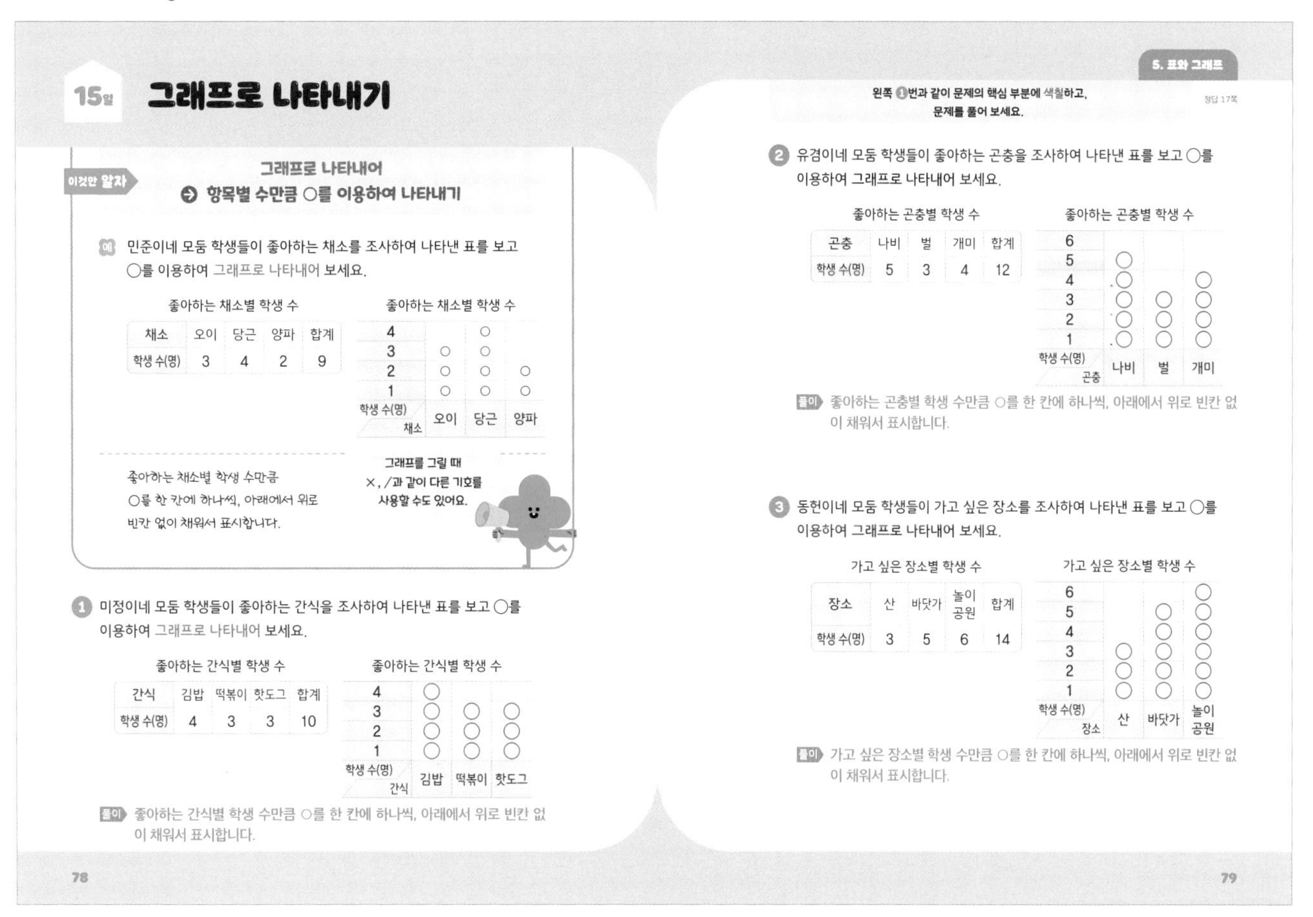

5. 표와 그래프

15일 그래프로 나타내기

이것만 알자

그래프로 나타내어
➡ 항목별 수만큼 ○를 이용하여 나타내기

예 민준이네 모둠 학생들이 좋아하는 채소를 조사하여 나타낸 표를 보고 ○를 이용하여 그래프로 나타내어 보세요.

좋아하는 채소별 학생 수

채소	오이	당근	양파	합계
학생 수(명)	3	4	2	9

좋아하는 채소별 학생 수

4		○	
3	○	○	
2	○	○	○
1	○	○	○
학생 수(명) / 채소	오이	당근	양파

좋아하는 채소별 학생 수만큼 ○를 한 칸에 하나씩, 아래에서 위로 빈칸 없이 채워서 표시합니다.

그래프를 그릴 때 ×, /과 같이 다른 기호를 사용할 수도 있어요.

1 미정이네 모둠 학생들이 좋아하는 간식을 조사하여 나타낸 표를 보고 ○를 이용하여 그래프로 나타내어 보세요.

좋아하는 간식별 학생 수

간식	김밥	떡볶이	핫도그	합계
학생 수(명)	4	3	3	10

좋아하는 간식별 학생 수

4	○		
3	○	○	○
2	○	○	○
1	○	○	○
학생 수(명) / 간식	김밥	떡볶이	핫도그

풀이 좋아하는 간식별 학생 수만큼 ○를 한 칸에 하나씩, 아래에서 위로 빈칸 없이 채워서 표시합니다.

왼쪽 1번과 같이 문제의 핵심 부분에 색칠하고, 문제를 풀어 보세요.

정답 17쪽

2 유겸이네 모둠 학생들이 좋아하는 곤충을 조사하여 나타낸 표를 보고 ○를 이용하여 그래프로 나타내어 보세요.

좋아하는 곤충별 학생 수

곤충	나비	벌	개미	합계
학생 수(명)	5	3	4	12

좋아하는 곤충별 학생 수

6			
5	○		
4	○		○
3	○	○	○
2	○	○	○
1	○	○	○
학생 수(명) / 곤충	나비	벌	개미

풀이 좋아하는 곤충별 학생 수만큼 ○를 한 칸에 하나씩, 아래에서 위로 빈칸 없이 채워서 표시합니다.

3 동현이네 모둠 학생들이 가고 싶은 장소를 조사하여 나타낸 표를 보고 ○를 이용하여 그래프로 나타내어 보세요.

가고 싶은 장소별 학생 수

장소	산	바닷가	놀이 공원	합계
학생 수(명)	3	5	6	14

가고 싶은 장소별 학생 수

6			○
5		○	○
4		○	○
3	○	○	○
2	○	○	○
1	○	○	○
학생 수(명) / 장소	산	바닷가	놀이 공원

풀이 가고 싶은 장소별 학생 수만큼 ○를 한 칸에 하나씩, 아래에서 위로 빈칸 없이 채워서 표시합니다.

78 79

80-81쪽

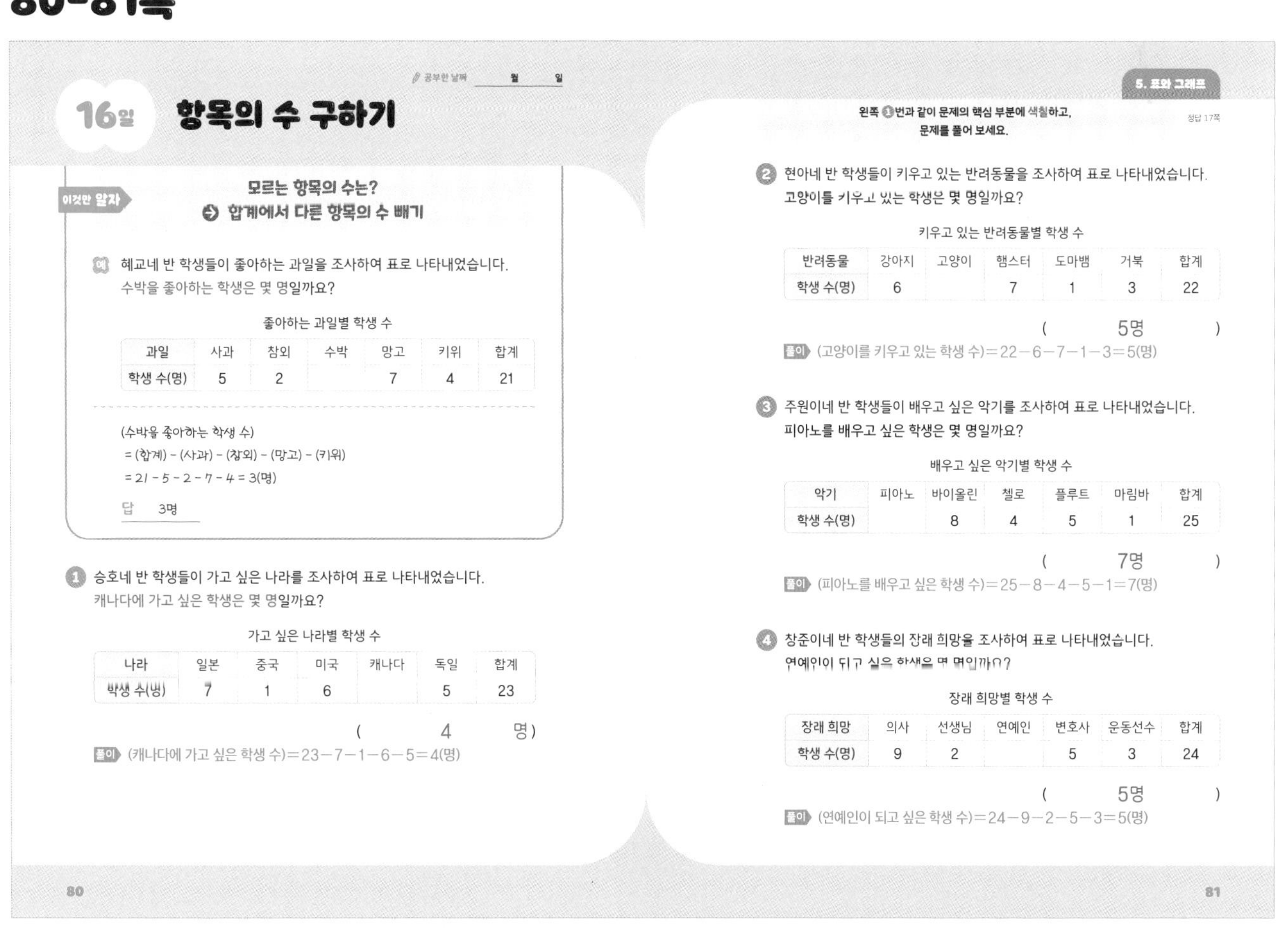

공부한 날짜 월 일

5. 표와 그래프

16일 항목의 수 구하기

이것만 알자

모르는 항목의 수는?
➡ 합계에서 다른 항목의 수 빼기

예 혜교네 반 학생들이 좋아하는 과일을 조사하여 표로 나타내었습니다. 수박을 좋아하는 학생은 몇 명일까요?

좋아하는 과일별 학생 수

과일	사과	참외	수박	망고	키위	합계
학생 수(명)	5	2		7	4	21

(수박을 좋아하는 학생 수)
=(합계)−(사과)−(참외)−(망고)−(키위)
=21−5−2−7−4=3(명)

답 3명

1 승호네 반 학생들이 가고 싶은 나라를 조사하여 표로 나타내었습니다. 캐나다에 가고 싶은 학생은 몇 명일까요?

가고 싶은 나라별 학생 수

나라	일본	중국	미국	캐나다	독일	합계
학생 수(명)	7	1	6		5	23

(4 명)

풀이 (캐나다에 가고 싶은 학생 수)=23−7−1−6−5=4(명)

왼쪽 1번과 같이 문제의 핵심 부분에 색칠하고, 문제를 풀어 보세요.

정답 17쪽

2 현아네 반 학생들이 키우고 있는 반려동물을 조사하여 표로 나타내었습니다. 고양이를 키우고 있는 학생은 몇 명일까요?

키우고 있는 반려동물별 학생 수

반려동물	강아지	고양이	햄스터	도마뱀	거북	합계
학생 수(명)	6		7	1	3	22

(5명)

풀이 (고양이를 키우고 있는 학생 수)=22−6−7−1−3=5(명)

3 주원이네 반 학생들이 배우고 싶은 악기를 조사하여 표로 나타내었습니다. 피아노를 배우고 싶은 학생은 몇 명일까요?

배우고 싶은 악기별 학생 수

악기	피아노	바이올린	첼로	플루트	마림바	합계
학생 수(명)		8	4	5	1	25

(7명)

풀이 (피아노를 배우고 싶은 학생 수)=25−8−4−5−1=7(명)

4 창준이네 반 학생들의 장래 희망을 조사하여 표로 나타내었습니다. 연예인이 되고 싶은 학생은 몇 명일까요?

장래 희망별 학생 수

장래 희망	의사	선생님	연예인	변호사	운동선수	합계
학생 수(명)	9	2		5	3	24

(5명)

풀이 (연예인이 되고 싶은 학생 수)=24−9−2−5−3=5(명)

80 81

5 표와 그래프

82-83쪽

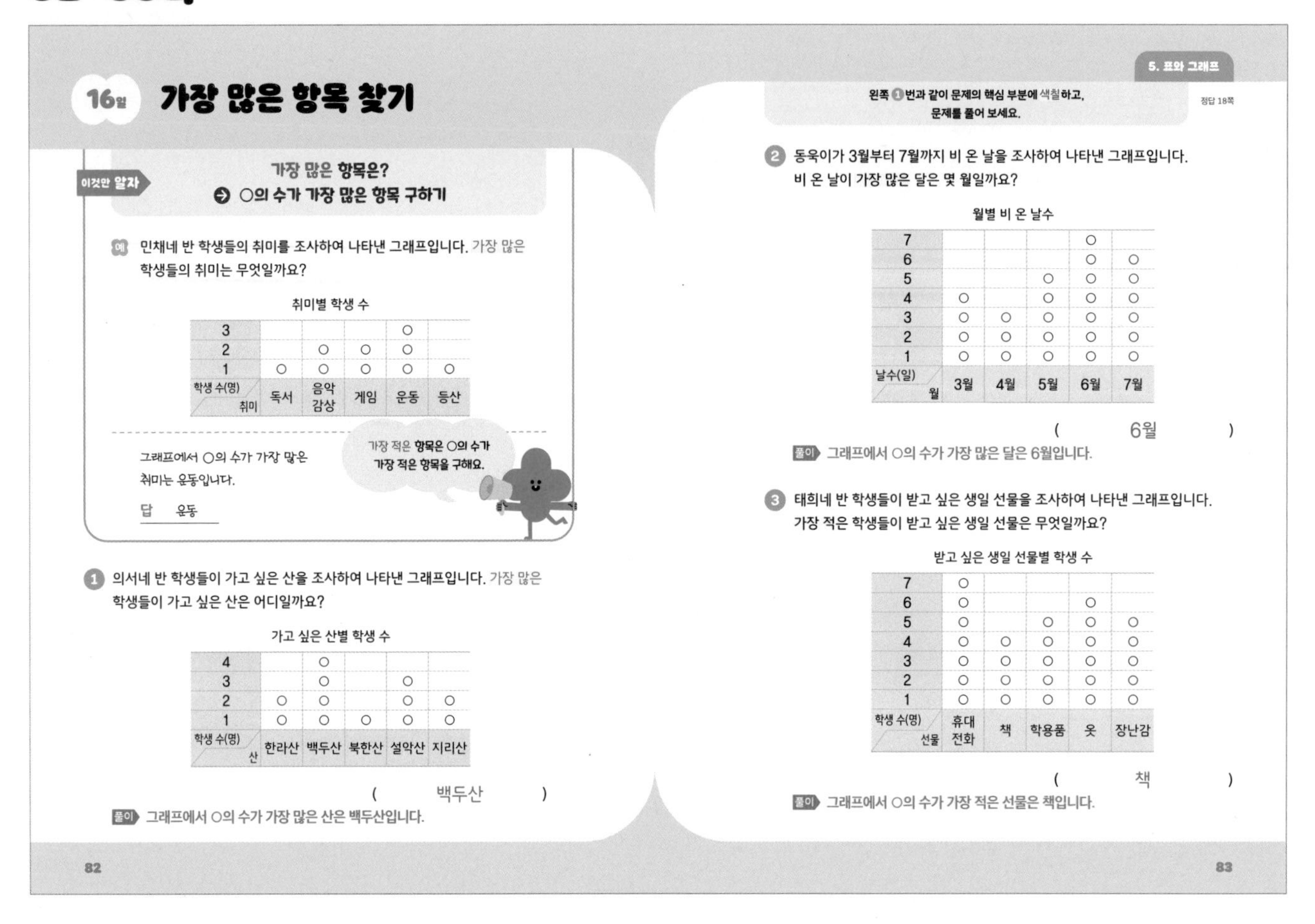

16일 가장 많은 항목 찾기

이것만 알자 가장 많은 항목은? ➔ ○의 수가 가장 많은 항목 구하기

예 민채네 반 학생들의 취미를 조사하여 나타낸 그래프입니다. 가장 많은 학생들의 취미는 무엇일까요?

취미별 학생 수

3				○	
2		○	○	○	
1	○	○	○	○	○
학생 수(명) / 취미	독서	음악 감상	게임	운동	등산

그래프에서 ○의 수가 가장 많은 취미는 운동입니다.

답 운동

가장 적은 항목은 ○의 수가
가장 적은 항목을 구해요.

1 의서네 반 학생들이 가고 싶은 산을 조사하여 나타낸 그래프입니다. 가장 많은 학생들이 가고 싶은 산은 어디일까요?

가고 싶은 산별 학생 수

4		○			
3		○		○	
2	○	○		○	○
1	○	○	○	○	○
학생 수(명) / 산	한라산	백두산	북한산	설악산	지리산

(백두산)

풀이 그래프에서 ○의 수가 가장 많은 산은 백두산입니다.

5. 표와 그래프

왼쪽 1번과 같이 문제의 핵심 부분에 색칠하고, 문제를 풀어 보세요.

정답 18쪽

2 동욱이가 3월부터 7월까지 비 온 날을 조사하여 나타낸 그래프입니다. 비 온 날이 가장 많은 달은 몇 월일까요?

월별 비 온 날수

7				○	
6				○	○
5			○	○	○
4	○		○	○	○
3	○	○	○	○	○
2	○	○	○	○	○
1	○	○	○	○	○
날수(일) / 월	3월	4월	5월	6월	7월

(6월)

풀이 그래프에서 ○의 수가 가장 많은 달은 6월입니다.

3 태희네 반 학생들이 받고 싶은 생일 선물을 조사하여 나타낸 그래프입니다. 가장 적은 학생들이 받고 싶은 생일 선물은 무엇일까요?

받고 싶은 생일 선물별 학생 수

7	○				
6	○			○	
5	○		○	○	○
4	○	○	○	○	○
3	○	○	○	○	○
2	○	○	○	○	○
1	○	○	○	○	○
학생 수(명) / 선물	휴대 전화	책	학용품	옷	장난감

(책)

풀이 그래프에서 ○의 수가 가장 적은 선물은 책입니다.

82 83

84-85쪽

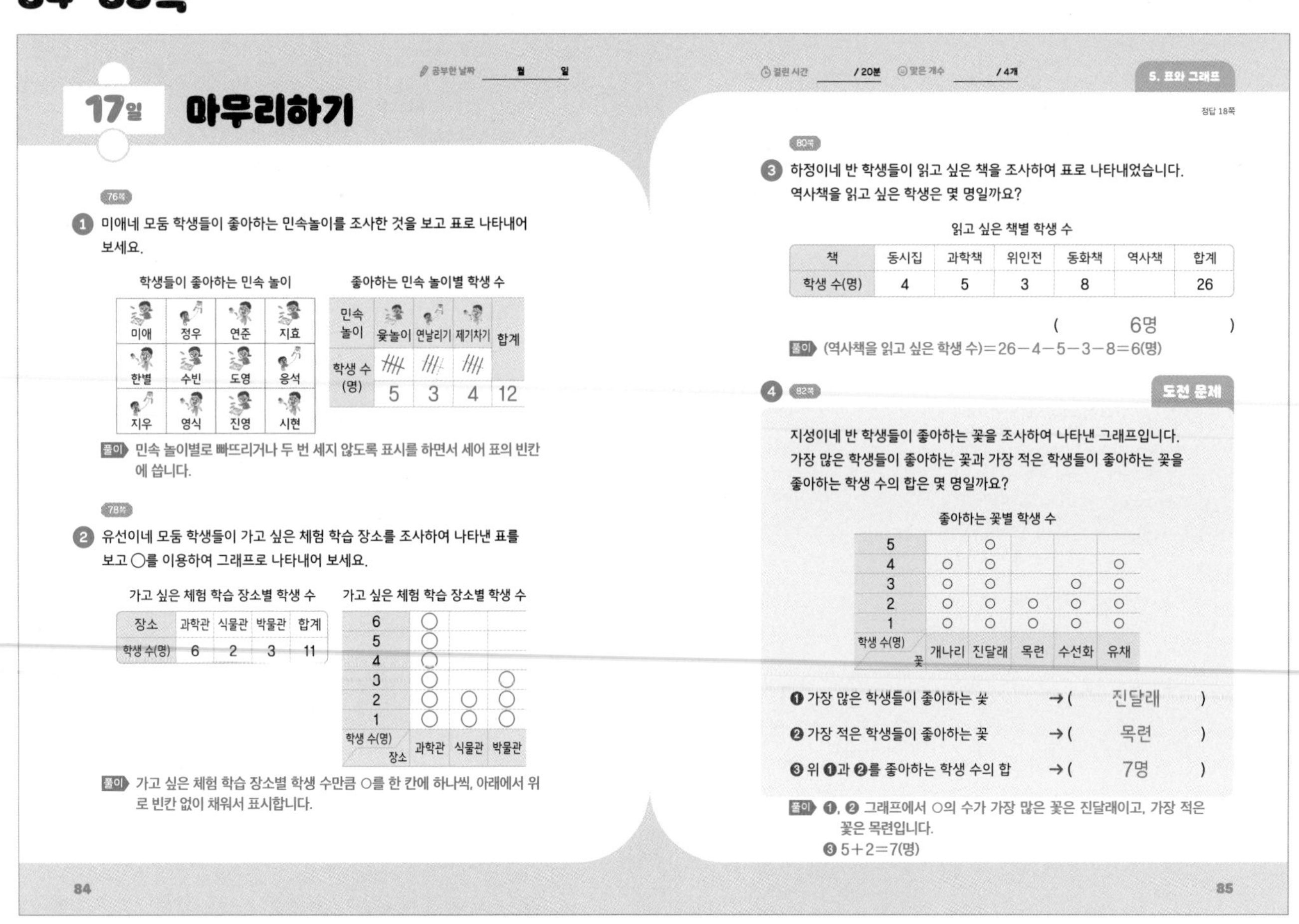

공부한 날짜 월 일 걸린 시간 /20분 맞은 개수 /4개

5. 표와 그래프

17일 마무리하기

정답 18쪽

76쪽

1 미애네 모둠 학생들이 좋아하는 민속놀이를 조사한 것을 보고 표로 나타내어 보세요.

학생들이 좋아하는 민속 놀이

미애	정우	연준	지효
한별	수빈	도영	웅석
지우	영식	진영	시현

좋아하는 민속 놀이별 학생 수

민속 놀이	윷놀이	연날리기	제기차기	합계
학생 수(명)	5	3	4	12

풀이 민속 놀이별로 빠뜨리거나 두 번 세지 않도록 표시를 하면서 세어 표의 빈칸에 씁니다.

78쪽

2 유선이네 모둠 학생들이 가고 싶은 체험 학습 장소를 조사하여 나타낸 표를 보고 ○를 이용하여 그래프로 나타내어 보세요.

가고 싶은 체험 학습 장소별 학생 수

장소	과학관	식물관	박물관	합계
학생 수(명)	6	2	3	11

가고 싶은 체험 학습 장소별 학생 수

6	○		
5	○		
4	○		
3	○		○
2	○	○	○
1	○	○	○
학생 수(명) / 장소	과학관	식물관	박물관

풀이 가고 싶은 체험 학습 장소별 학생 수만큼 ○를 한 칸에 하나씩, 아래에서 위로 빈칸 없이 채워서 표시합니다.

80쪽

3 하정이네 반 학생들이 읽고 싶은 책을 조사하여 표로 나타내었습니다. 역사책을 읽고 싶은 학생은 몇 명일까요?

읽고 싶은 책별 학생 수

책	동시집	과학책	위인전	동화책	역사책	합계
학생 수(명)	4	5	3	8		26

(6명)

풀이 (역사책을 읽고 싶은 학생 수)$=26-4-5-3-8=6$(명)

4 82쪽 도전 문제

지성이네 반 학생들이 좋아하는 꽃을 조사하여 나타낸 그래프입니다. 가장 많은 학생들이 좋아하는 꽃과 가장 적은 학생들이 좋아하는 꽃을 좋아하는 학생 수의 합은 몇 명일까요?

좋아하는 꽃별 학생 수

5		○			
4	○	○			○
3	○	○		○	○
2	○	○	○	○	○
1	○	○	○	○	○
학생 수(명) / 꽃	개나리	진달래	목련	수선화	유채

❶ 가장 많은 학생들이 좋아하는 꽃 →(진달래)

❷ 가장 적은 학생들이 좋아하는 꽃 →(목련)

❸ 위 ❶과 ❷를 좋아하는 학생 수의 합 →(7명)

풀이 ❶, ❷ 그래프에서 ○의 수가 가장 많은 꽃은 진달래이고, 가장 적은 꽃은 목련입니다.
❸ $5+2=7$(명)

84 85

6 규칙 찾기

88-89쪽

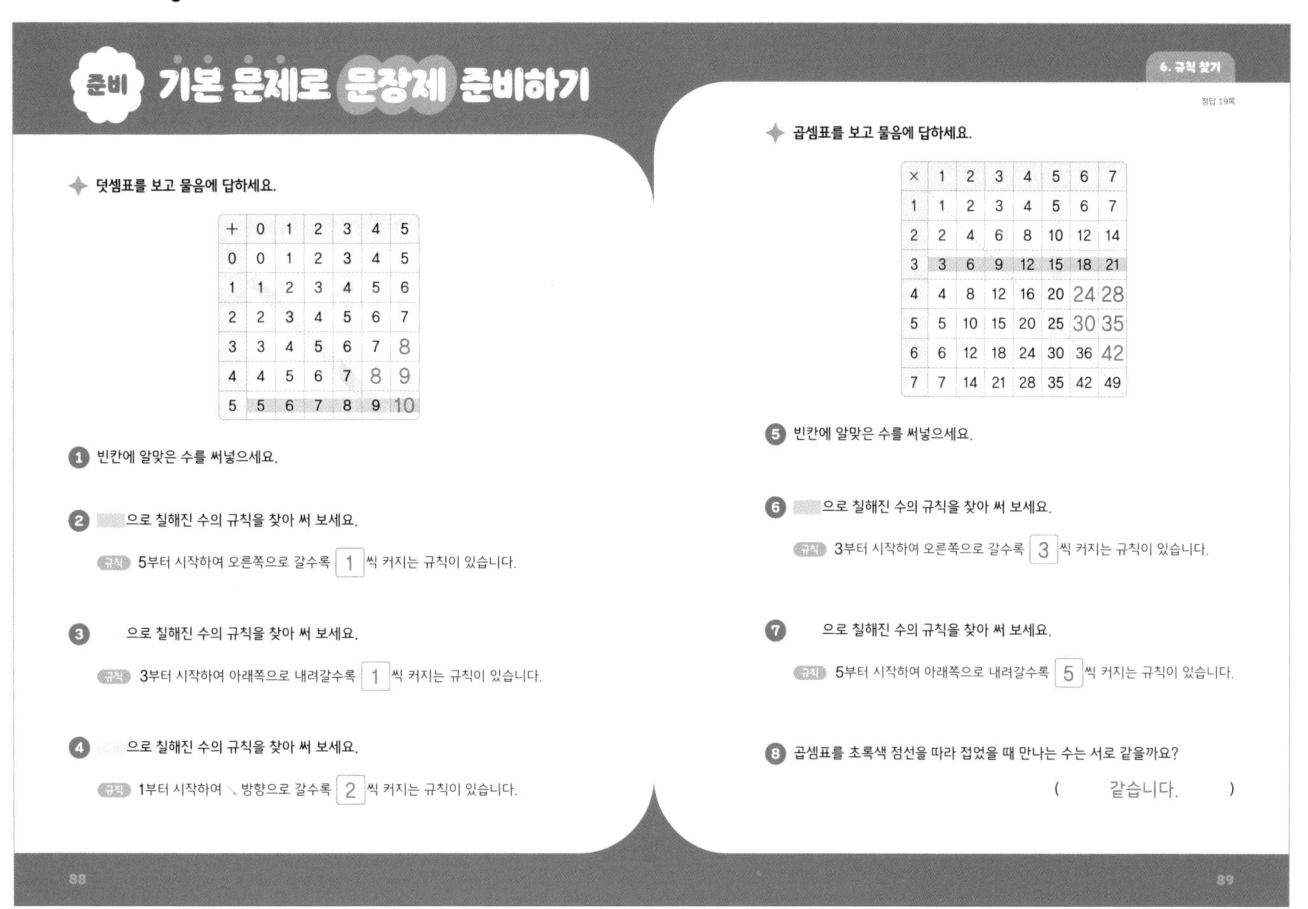

준비 기본 문제로 문장제 준비하기

6. 규칙 찾기

정답 19쪽

✦ 덧셈표를 보고 물음에 답하세요.

+	0	1	2	3	4	5
0	0	1	2	3	4	5
1	1	2	3	4	5	6
2	2	3	4	5	6	7
3	3	4	5	6	7	8
4	4	5	6	7	8	9
5	5	6	7	8	9	10

1 빈칸에 알맞은 수를 써넣으세요.

2 ▭으로 칠해진 수의 규칙을 찾아 써 보세요.

규칙 5부터 시작하여 오른쪽으로 갈수록 1 씩 커지는 규칙이 있습니다.

3 ▭으로 칠해진 수의 규칙을 찾아 써 보세요.

규칙 3부터 시작하여 아래쪽으로 내려갈수록 1 씩 커지는 규칙이 있습니다.

4 ▭으로 칠해진 수의 규칙을 찾아 써 보세요.

규칙 1부터 시작하여 ╲ 방향으로 갈수록 2 씩 커지는 규칙이 있습니다.

✦ 곱셈표를 보고 물음에 답하세요.

×	1	2	3	4	5	6	7
1	1	2	3	4	5	6	7
2	2	4	6	8	10	12	14
3	3	6	9	12	15	18	21
4	4	8	12	16	20	24	28
5	5	10	15	20	25	30	35
6	6	12	18	24	30	36	42
7	7	14	21	28	35	42	49

5 빈칸에 알맞은 수를 써넣으세요.

6 ▭으로 칠해진 수의 규칙을 찾아 써 보세요.

규칙 3부터 시작하여 오른쪽으로 갈수록 3 씩 커지는 규칙이 있습니다.

7 ▭으로 칠해진 수의 규칙을 찾아 써 보세요.

규칙 5부터 시작하여 아래쪽으로 내려갈수록 5 씩 커지는 규칙이 있습니다.

8 곱셈표를 초록색 점선을 따라 접었을 때 만나는 수는 서로 같을까요?

(같습니다.)

88 89

90-91쪽

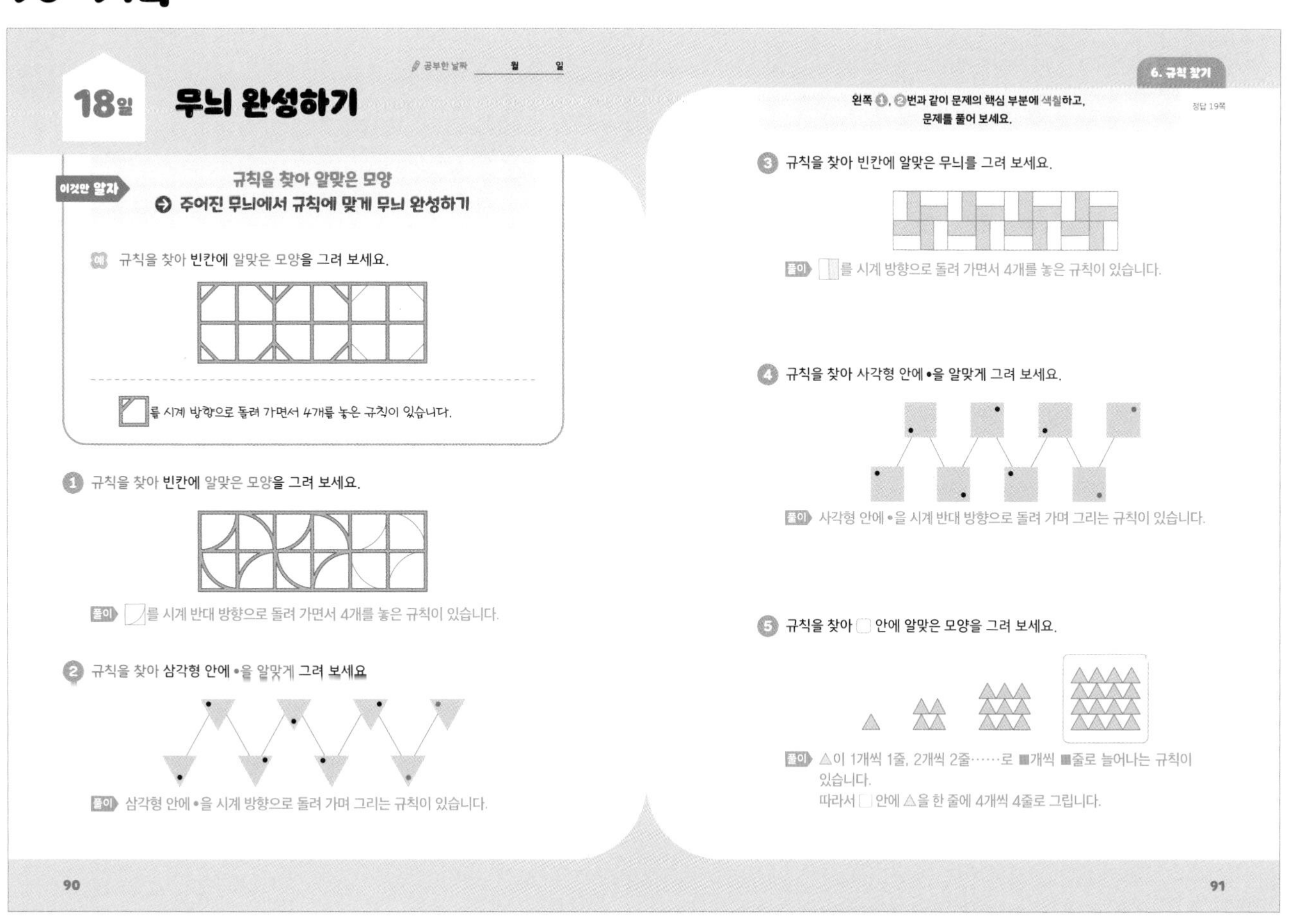

18일 무늬 완성하기

공부한 날짜 월 일

6. 규칙 찾기

정답 19쪽

이것만 알자 규칙을 찾아 알맞은 모양 ➔ 주어진 무늬에서 규칙에 맞게 무늬 완성하기

예 규칙을 찾아 빈칸에 알맞은 모양을 그려 보세요.

▨를 시계 방향으로 돌려 가면서 4개를 놓은 규칙이 있습니다.

1 규칙을 찾아 빈칸에 알맞은 모양을 그려 보세요.

풀이 ▨를 시계 반대 방향으로 돌려 가면서 4개를 놓은 규칙이 있습니다.

2 규칙을 찾아 삼각형 안에 •을 알맞게 그려 보세요.

풀이 삼각형 안에 •을 시계 방향으로 돌려 가며 그리는 규칙이 있습니다.

왼쪽 1, 2번과 같이 문제의 핵심 부분에 색칠하고, 문제를 풀어 보세요.

3 규칙을 찾아 빈칸에 알맞은 무늬를 그려 보세요.

풀이 ▨를 시계 방향으로 돌려 가면서 4개를 놓은 규칙이 있습니다.

4 규칙을 찾아 사각형 안에 •을 알맞게 그려 보세요.

풀이 사각형 안에 •을 시계 반대 방향으로 돌려 가며 그리는 규칙이 있습니다.

5 규칙을 찾아 ▭ 안에 알맞은 모양을 그려 보세요.

풀이 △이 1개씩 1줄, 2개씩 2줄……로 ■개씩 ■줄로 늘어나는 규칙이 있습니다.
따라서 ▭ 안에 △을 한 줄에 4개씩 4줄로 그립니다.

90 91

6 규칙 찾기

92-93쪽

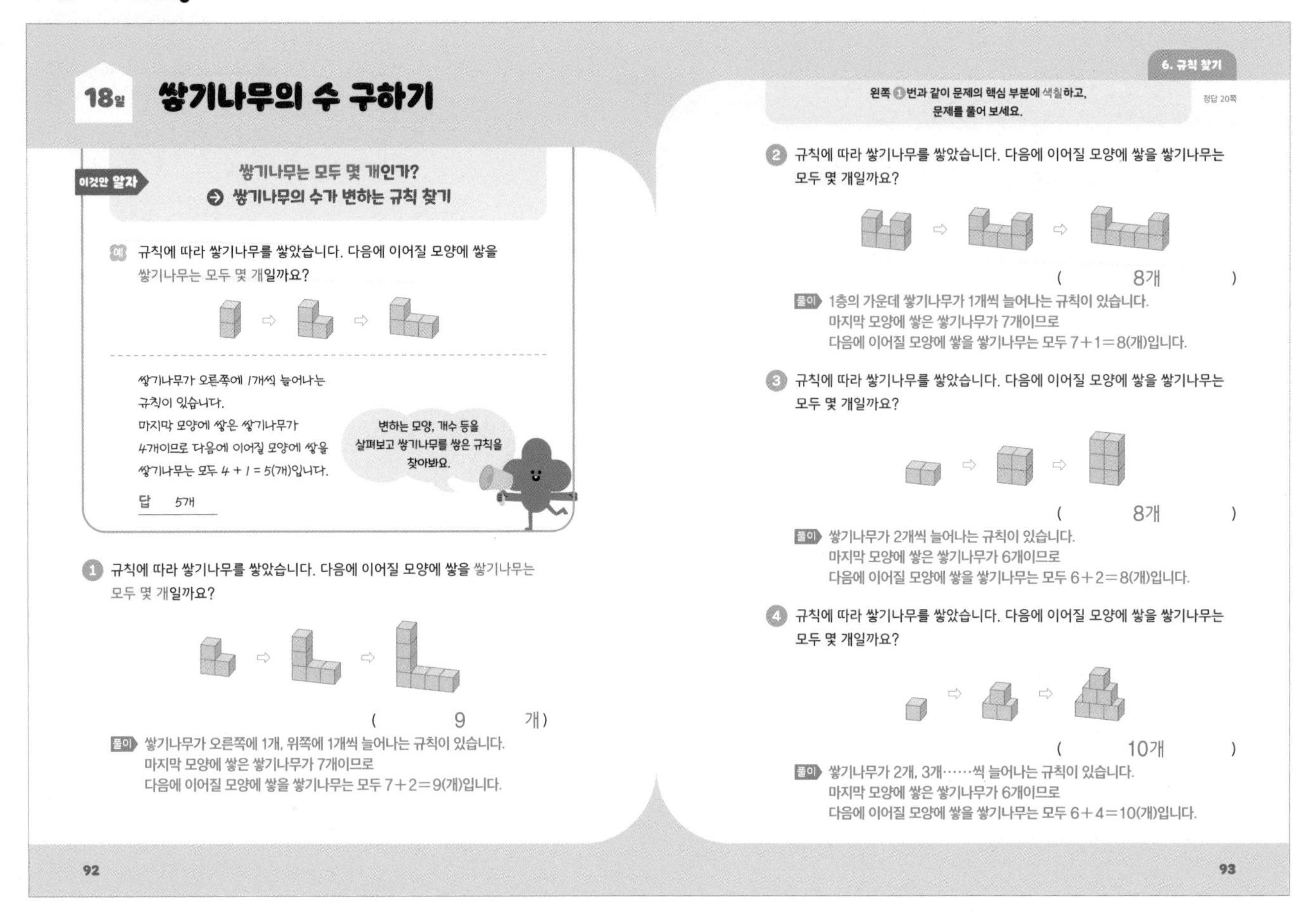

18일 쌓기나무의 수 구하기

이것만 알자

쌓기나무는 모두 몇 개인가?
➔ 쌓기나무의 수가 변하는 규칙 찾기

예 규칙에 따라 쌓기나무를 쌓았습니다. 다음에 이어질 모양에 쌓을 쌓기나무는 모두 몇 개일까요?

쌓기나무가 오른쪽에 1개씩 늘어나는 규칙이 있습니다.
마지막 모양에 쌓은 쌓기나무가 4개이므로 다음에 이어질 모양에 쌓을 쌓기나무는 모두 4 + 1 = 5(개)입니다.

답 5개

변하는 모양, 개수 등을 살펴보고 쌓기나무를 쌓은 규칙을 찾아봐요.

1 규칙에 따라 쌓기나무를 쌓았습니다. 다음에 이어질 모양에 쌓을 쌓기나무는 모두 몇 개일까요?

(9 개)

풀이 쌓기나무가 오른쪽에 1개, 위쪽에 1개씩 늘어나는 규칙이 있습니다.
마지막 모양에 쌓은 쌓기나무가 7개이므로
다음에 이어질 모양에 쌓을 쌓기나무는 모두 7+2=9(개)입니다.

6. 규칙 찾기

왼쪽 1번과 같이 문제의 핵심 부분에 색칠하고, 문제를 풀어 보세요.

정답 20쪽

2 규칙에 따라 쌓기나무를 쌓았습니다. 다음에 이어질 모양에 쌓을 쌓기나무는 모두 몇 개일까요?

(8개)

풀이 1층의 가운데 쌓기나무가 1개씩 늘어나는 규칙이 있습니다.
마지막 모양에 쌓은 쌓기나무가 7개이므로
다음에 이어질 모양에 쌓을 쌓기나무는 모두 7+1=8(개)입니다.

3 규칙에 따라 쌓기나무를 쌓았습니다. 다음에 이어질 모양에 쌓을 쌓기나무는 모두 몇 개일까요?

(8개)

풀이 쌓기나무가 2개씩 늘어나는 규칙이 있습니다.
마지막 모양에 쌓은 쌓기나무가 6개이므로
다음에 이어질 모양에 쌓을 쌓기나무는 모두 6+2=8(개)입니다.

4 규칙에 따라 쌓기나무를 쌓았습니다. 다음에 이어질 모양에 쌓을 쌓기나무는 모두 몇 개일까요?

(10개)

풀이 쌓기나무가 2개, 3개……씩 늘어나는 규칙이 있습니다.
마지막 모양에 쌓은 쌓기나무가 6개이므로
다음에 이어질 모양에 쌓을 쌓기나무는 모두 6+4=10(개)입니다.

92 93

94-95쪽

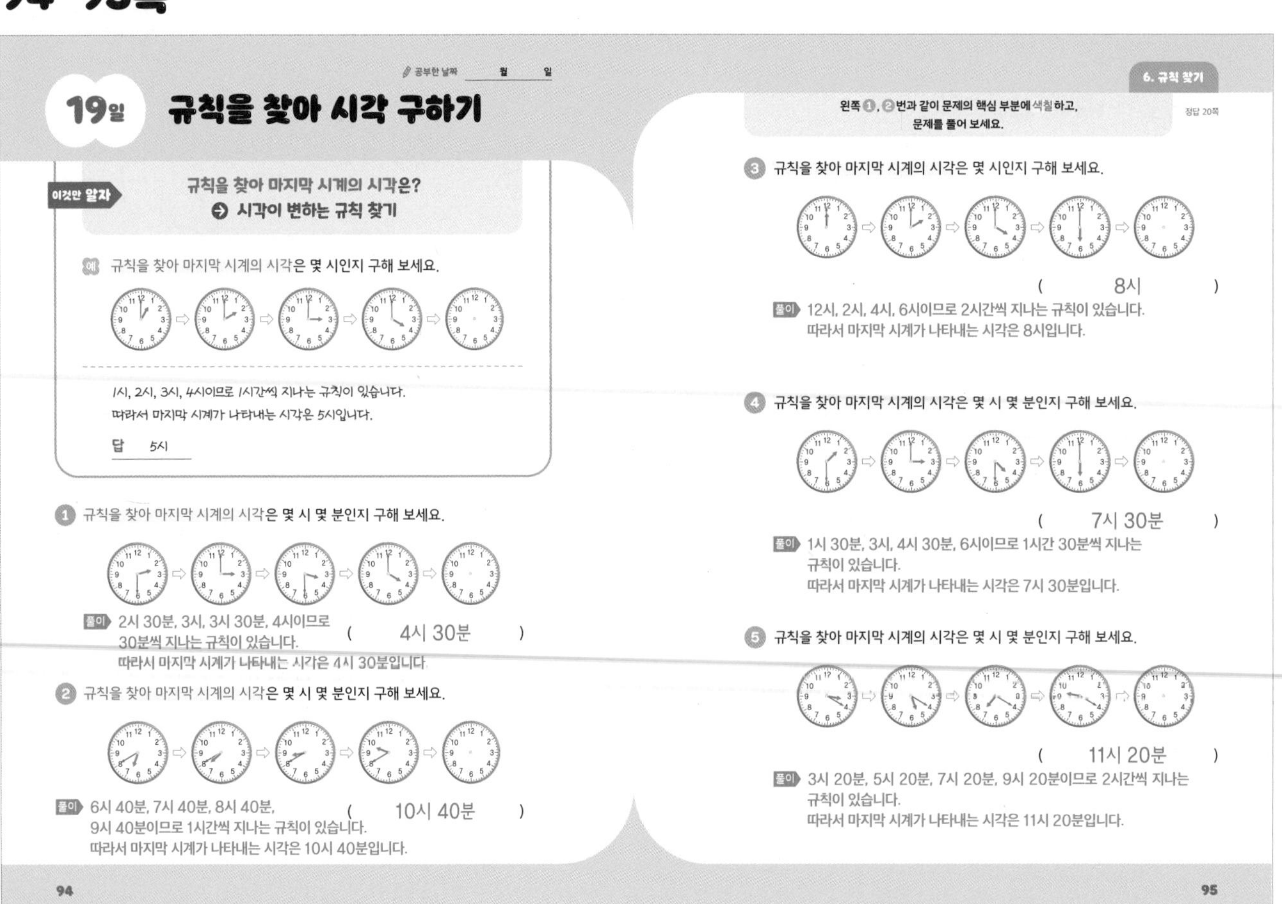

공부한 날짜 월 일

19일 규칙을 찾아 시각 구하기

이것만 알자

규칙을 찾아 마지막 시계의 시각은?
➔ 시각이 변하는 규칙 찾기

예 규칙을 찾아 마지막 시계의 시각은 몇 시인지 구해 보세요.

1시, 2시, 3시, 4시이므로 1시간씩 지나는 규칙이 있습니다.
따라서 마지막 시계가 나타내는 시각은 5시입니다.

답 5시

1 규칙을 찾아 마지막 시계의 시각은 몇 시 몇 분인지 구해 보세요.

(4시 30분)

풀이 2시 30분, 3시, 3시 30분, 4시이므로 30분씩 지나는 규칙이 있습니다.
따라서 마지막 시계가 나타내는 시각은 4시 30분입니다.

2 규칙을 찾아 마지막 시계의 시각은 몇 시 몇 분인지 구해 보세요.

(10시 40분)

풀이 6시 40분, 7시 40분, 8시 40분, 9시 40분이므로 1시간씩 지나는 규칙이 있습니다.
따라서 마지막 시계가 나타내는 시각은 10시 40분입니다.

6. 규칙 찾기

왼쪽 1, 2번과 같이 문제의 핵심 부분에 색칠하고, 문제를 풀어 보세요.

정답 20쪽

3 규칙을 찾아 마지막 시계의 시각은 몇 시인지 구해 보세요.

(8시)

풀이 12시, 2시, 4시, 6시이므로 2시간씩 지나는 규칙이 있습니다.
따라서 마지막 시계가 나타내는 시각은 8시입니다.

4 규칙을 찾아 마지막 시계의 시각은 몇 시 몇 분인지 구해 보세요.

(7시 30분)

풀이 1시 30분, 3시, 4시 30분, 6시이므로 1시간 30분씩 지나는 규칙이 있습니다.
따라서 마지막 시계가 나타내는 시각은 7시 30분입니다.

5 규칙을 찾아 마지막 시계의 시각은 몇 시 몇 분인지 구해 보세요.

(11시 20분)

풀이 3시 20분, 5시 20분, 7시 20분, 9시 20분이므로 2시간씩 지나는 규칙이 있습니다.
따라서 마지막 시계가 나타내는 시각은 11시 20분입니다.

94 95

96-97쪽

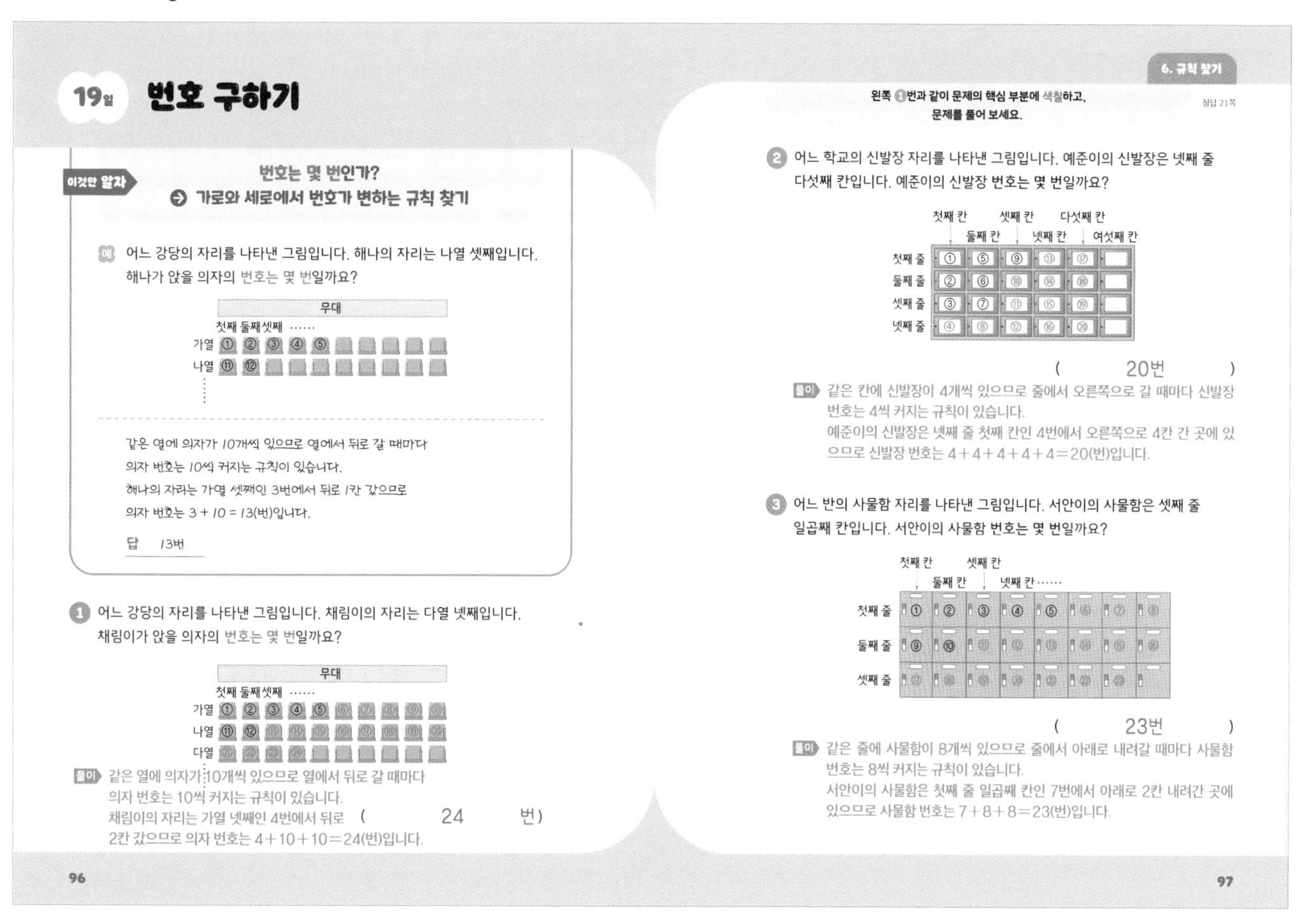

6. 규칙 찾기

19일 번호 구하기

이것만 알자

번호는 몇 번인가?

➔ 가로와 세로에서 번호가 변하는 규칙 찾기

예 어느 강당의 자리를 나타낸 그림입니다. 해나의 자리는 나열 셋째입니다. 해나가 앉을 의자의 번호는 몇 번일까요?

무대

첫째 둘째 셋째 ……

가열 ① ② ③ ④ ⑤

나열 ⑪ ⑫

같은 열에 의자가 10개씩 있으므로 열에서 뒤로 갈 때마다 의자 번호는 10씩 커지는 규칙이 있습니다.

해나의 자리는 가열 셋째인 3번에서 뒤로 1칸 갔으므로 의자 번호는 3 + 10 = 13(번)입니다.

답 13번

1 어느 강당의 자리를 나타낸 그림입니다. 채림이의 자리는 다열 넷째입니다. 채림이가 앉을 의자의 번호는 몇 번일까요?

무대

첫째 둘째 셋째 ……

가열 ① ② ③ ④ ⑤

나열 ⑪ ⑫

다열

(24 번)

풀이 같은 열에 의자가 10개씩 있으므로 열에서 뒤로 갈 때마다 의자 번호는 10씩 커지는 규칙이 있습니다.
채림이의 자리는 가열 넷째인 4번에서 뒤로 2칸 갔으므로 의자 번호는 4+10+10=24(번)입니다.

왼쪽 1번과 같이 문제의 핵심 부분에 색칠하고, 문제를 풀어 보세요.

정답 21쪽

2 어느 학교의 신발장 자리를 나타낸 그림입니다. 예준이의 신발장은 넷째 줄 다섯째 칸입니다. 예준이의 신발장 번호는 몇 번일까요?

첫째 칸 둘째 칸 셋째 칸 넷째 칸 다섯째 칸 여섯째 칸

첫째 줄 ① ⑤ ⑨

둘째 줄 ② ⑥

셋째 줄 ③ ⑦

넷째 줄 ④ ⑧

(20번)

풀이 같은 칸에 신발장이 4개씩 있으므로 줄에서 오른쪽으로 갈 때마다 신발장 번호는 4씩 커지는 규칙이 있습니다.
예준이의 신발장은 넷째 줄 첫째 칸인 4번에서 오른쪽으로 4칸 간 곳에 있으므로 신발장 번호는 4+4+4+4+4=20(번)입니다.

3 어느 반의 사물함 자리를 나타낸 그림입니다. 서안이의 사물함은 셋째 줄 일곱째 칸입니다. 서안이의 사물함 번호는 몇 번일까요?

첫째 칸 둘째 칸 셋째 칸 넷째 칸……

첫째 줄 ① ② ③ ④ ⑤

둘째 줄 ⑨ ⑩

셋째 줄

(23번)

풀이 같은 줄에 사물함이 8개씩 있으므로 줄에서 아래로 내려갈 때마다 사물함 번호는 8씩 커지는 규칙이 있습니다.
서안이의 사물함은 첫째 줄 일곱째 칸인 7번에서 아래로 2칸 내려간 곳에 있으므로 사물함 번호는 7+8+8=23(번)입니다.

96 97

98-99쪽

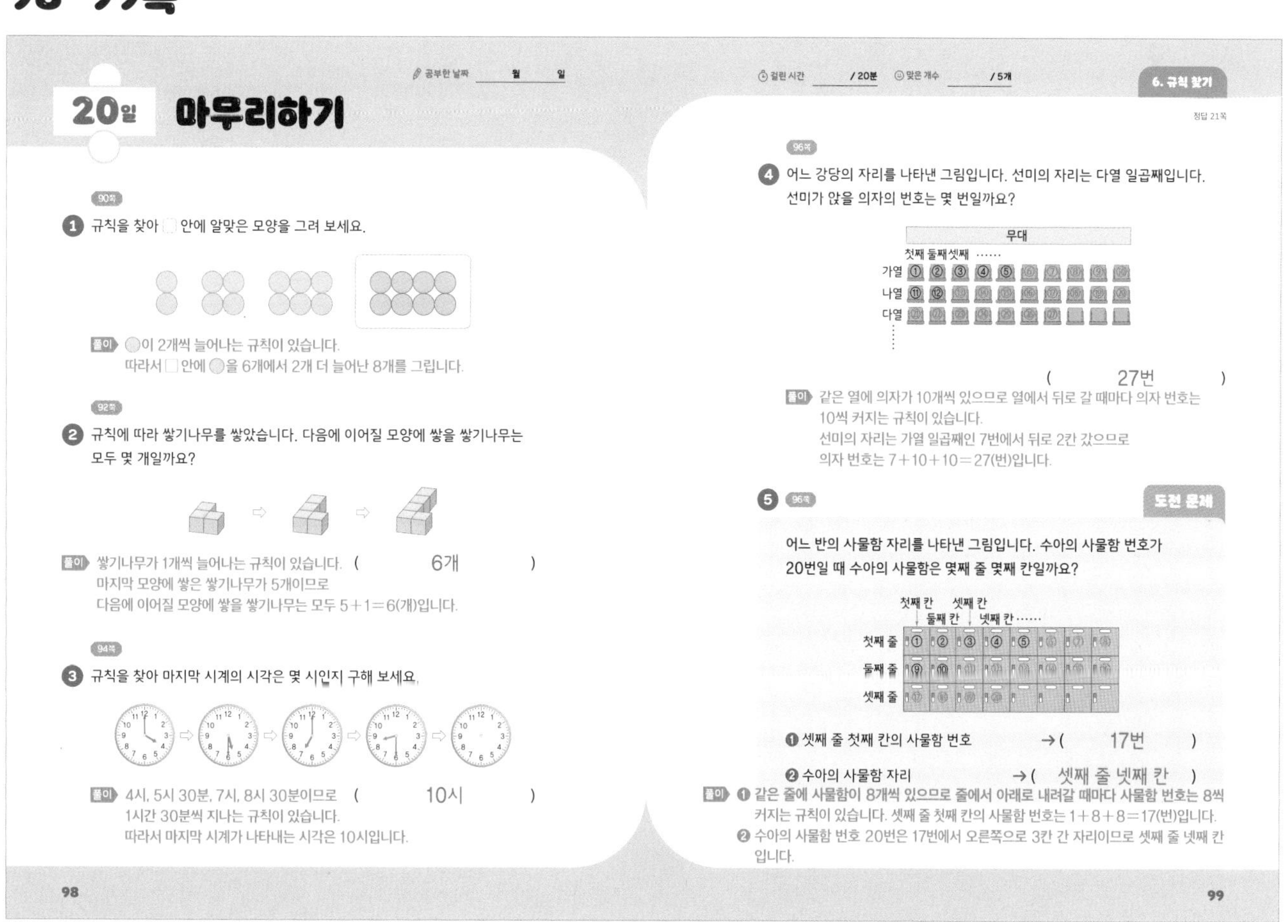

공부한 날짜 월 일

걸린 시간 / 20분 맞은 개수 / 5개

6. 규칙 찾기

20일 마무리하기

정답 21쪽

90쪽

1 규칙을 찾아 □ 안에 알맞은 모양을 그려 보세요.

풀이 ○이 2개씩 늘어나는 규칙이 있습니다.
따라서 □ 안에 ○을 6개에서 2개 더 늘어난 8개를 그립니다.

92쪽

2 규칙에 따라 쌓기나무를 쌓았습니다. 다음에 이어질 모양에 쌓을 쌓기나무는 모두 몇 개일까요?

(6개)

풀이 쌓기나무가 1개씩 늘어나는 규칙이 있습니다.
마지막 모양에 쌓은 쌓기나무가 5개이므로 다음에 이어질 모양에 쌓을 쌓기나무는 모두 5+1=6(개)입니다.

94쪽

3 규칙을 찾아 마지막 시계의 시각은 몇 시인지 구해 보세요.

(10시)

풀이 4시, 5시 30분, 7시, 8시 30분이므로 1시간 30분씩 지나는 규칙이 있습니다.
따라서 마지막 시계가 나타내는 시각은 10시입니다.

96쪽

4 어느 강당의 자리를 나타낸 그림입니다. 선미의 자리는 다열 일곱째입니다. 선미가 앉을 의자의 번호는 몇 번일까요?

무대

첫째 둘째 셋째 ……

가열 ① ② ③ ④ ⑤

나열 ⑪ ⑫

다열

(27번)

풀이 같은 열에 의자가 10개씩 있으므로 열에서 뒤로 갈 때마다 의자 번호는 10씩 커지는 규칙이 있습니다.
선미의 자리는 가열 일곱째인 7번에서 뒤로 2칸 갔으므로 의자 번호는 7+10+10=27(번)입니다.

5 96쪽 도전 문제

어느 반의 사물함 자리를 나타낸 그림입니다. 수아의 사물함 번호가 20번일 때 수아의 사물함은 몇째 줄 몇째 칸일까요?

첫째 칸 둘째 칸 셋째 칸 넷째 칸……

첫째 줄 ① ② ③ ④ ⑤

둘째 줄 ⑨ ⑩

셋째 줄

❶ 셋째 줄 첫째 칸의 사물함 번호 → (17번)

❷ 수아의 사물함 자리 → (셋째 줄 넷째 칸)

풀이 ❶ 같은 줄에 사물함이 8개씩 있으므로 줄에서 아래로 내려갈 때마다 사물함 번호는 8씩 커지는 규칙이 있습니다. 셋째 줄 첫째 칸의 사물함 번호는 1+8+8=17(번)입니다.
❷ 수아의 사물함 번호 20번은 17번에서 오른쪽으로 3칸 간 자리이므로 셋째 줄 넷째 칸입니다.

98 99

실력 평가

100-101쪽

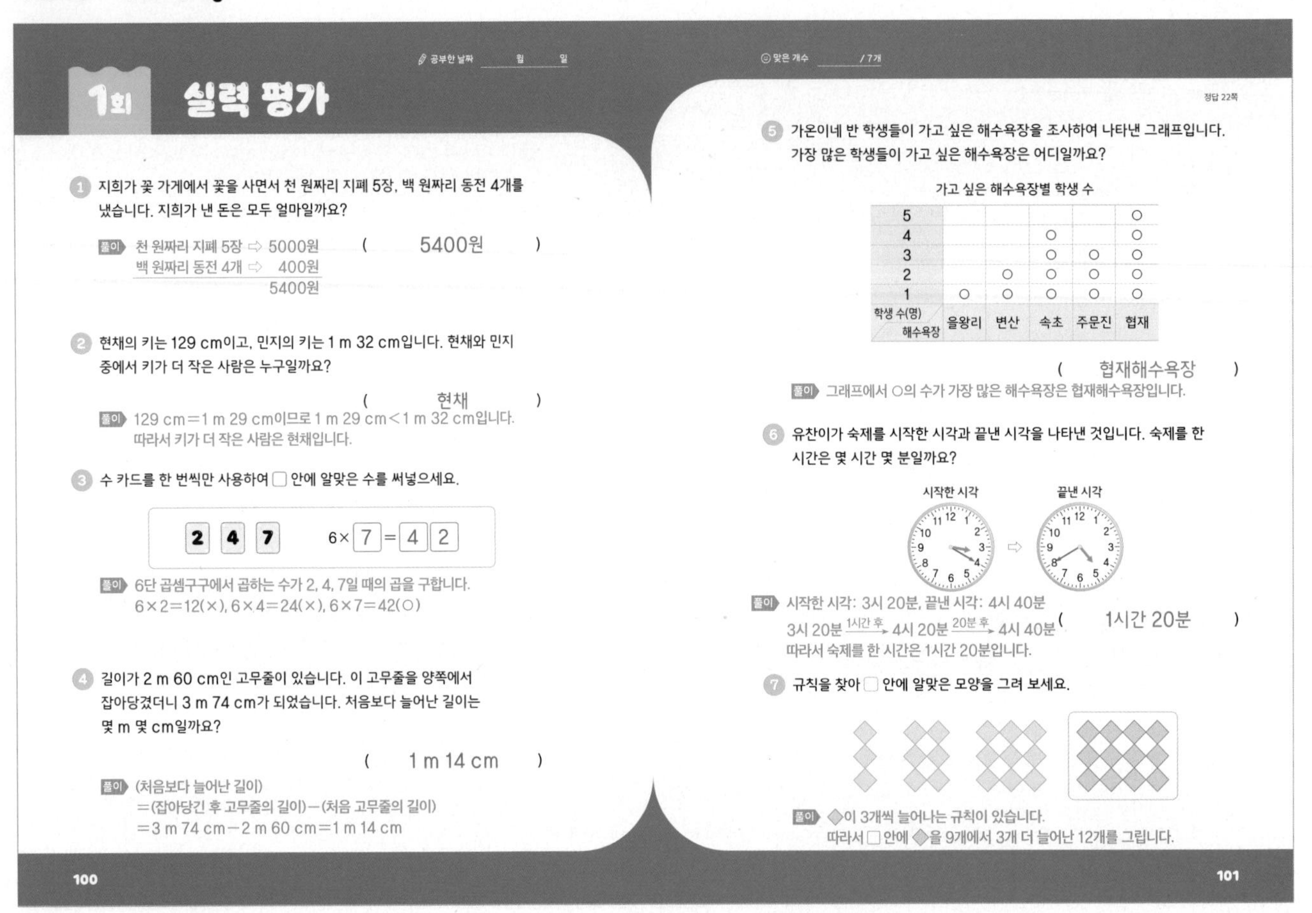

공부한 날짜 월 일 / 맞은 개수 / 7개

1회 실력 평가

정답 22쪽

1 지희가 꽃 가게에서 꽃을 사면서 천 원짜리 지폐 5장, 백 원짜리 동전 4개를 냈습니다. 지희가 낸 돈은 모두 얼마일까요?

(5400원)

풀이 천 원짜리 지폐 5장 ⇨ 5000원
백 원짜리 동전 4개 ⇨ 400원
5400원

2 현채의 키는 129 cm이고, 민지의 키는 1 m 32 cm입니다. 현채와 민지 중에서 키가 더 작은 사람은 누구일까요?

(현채)

풀이 129 cm=1 m 29 cm이므로 1 m 29 cm<1 m 32 cm입니다.
따라서 키가 더 작은 사람은 현채입니다.

3 수 카드를 한 번씩만 사용하여 □ 안에 알맞은 수를 써넣으세요.

2 4 7 6×7=42

풀이 6단 곱셈구구에서 곱하는 수가 2, 4, 7일 때의 곱을 구합니다.
6×2=12(×), 6×4=24(×), 6×7=42(○)

4 길이가 2 m 60 cm인 고무줄이 있습니다. 이 고무줄을 양쪽에서 잡아당겼더니 3 m 74 cm가 되었습니다. 처음보다 늘어난 길이는 몇 m 몇 cm일까요?

(1 m 14 cm)

풀이 (처음보다 늘어난 길이)
=(잡아당긴 후 고무줄의 길이)−(처음 고무줄의 길이)
=3 m 74 cm−2 m 60 cm=1 m 14 cm

5 가온이네 반 학생들이 가고 싶은 해수욕장을 조사하여 나타낸 그래프입니다. 가장 많은 학생들이 가고 싶은 해수욕장은 어디일까요?

가고 싶은 해수욕장별 학생 수

5					○
4			○		○
3			○	○	○
2		○	○	○	○
1	○	○	○	○	○
학생 수(명) / 해수욕장	을왕리	변산	속초	주문진	협재

(협재해수욕장)

풀이 그래프에서 ○의 수가 가장 많은 해수욕장은 협재해수욕장입니다.

6 유찬이가 숙제를 시작한 시각과 끝낸 시각을 나타낸 것입니다. 숙제를 한 시간은 몇 시간 몇 분일까요?

시작한 시각 ⇨ 끝낸 시각

(1시간 20분)

풀이 시작한 시각: 3시 20분, 끝낸 시각: 4시 40분
3시 20분 →(1시간 후) 4시 20분 →(20분 후) 4시 40분
따라서 숙제를 한 시간은 1시간 20분입니다.

7 규칙을 찾아 □ 안에 알맞은 모양을 그려 보세요.

풀이 ◆이 3개씩 늘어나는 규칙이 있습니다.
따라서 □ 안에 ◆을 9개에서 3개 더 늘어난 12개를 그립니다.

100 101

102-103쪽

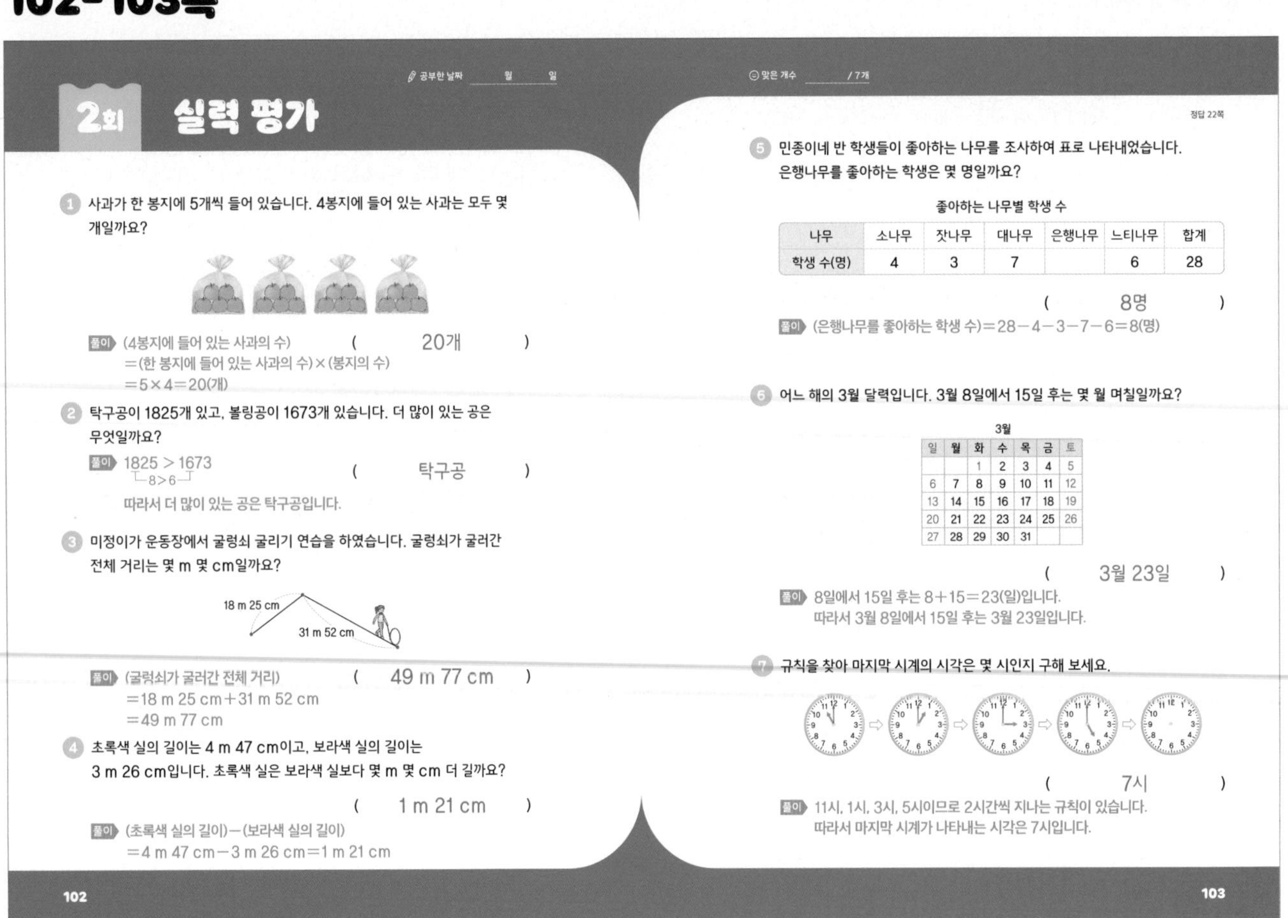

공부한 날짜 월 일 / 맞은 개수 / 7개

2회 실력 평가

정답 22쪽

1 사과가 한 봉지에 5개씩 들어 있습니다. 4봉지에 들어 있는 사과는 모두 몇 개일까요?

(20개)

풀이 (4봉지에 들어 있는 사과의 수)
=(한 봉지에 들어 있는 사과의 수)×(봉지의 수)
=5×4=20(개)

2 탁구공이 1825개 있고, 볼링공이 1673개 있습니다. 더 많이 있는 공은 무엇일까요?

(탁구공)

풀이 1825 > 1673
8>6
따라서 더 많이 있는 공은 탁구공입니다.

3 미정이가 운동장에서 굴렁쇠 굴리기 연습을 하였습니다. 굴렁쇠가 굴러간 전체 거리는 몇 m 몇 cm일까요?

(49 m 77 cm)

풀이 (굴렁쇠가 굴러간 전체 거리)
=18 m 25 cm+31 m 52 cm
=49 m 77 cm

4 초록색 실의 길이는 4 m 47 cm이고, 보라색 실의 길이는 3 m 26 cm입니다. 초록색 실은 보라색 실보다 몇 m 몇 cm 더 길까요?

(1 m 21 cm)

풀이 (초록색 실의 길이)−(보라색 실의 길이)
=4 m 47 cm−3 m 26 cm=1 m 21 cm

5 민종이네 반 학생들이 좋아하는 나무를 조사하여 표로 나타내었습니다. 은행나무를 좋아하는 학생은 몇 명일까요?

좋아하는 나무별 학생 수

나무	소나무	잣나무	대나무	은행나무	느티나무	합계
학생 수(명)	4	3	7		6	28

(8명)

풀이 (은행나무를 좋아하는 학생 수)=28−4−3−7−6=8(명)

6 어느 해의 3월 달력입니다. 3월 8일에서 15일 후는 몇 월 며칠일까요?

3월

일	월	화	수	목	금	토
		1	2	3	4	5
6	7	8	9	10	11	12
13	14	15	16	17	18	19
20	21	22	23	24	25	26
27	28	29	30	31		

(3월 23일)

풀이 8일에서 15일 후는 8+15=23(일)입니다.
따라서 3월 8일에서 15일 후는 3월 23일입니다.

7 규칙을 찾아 마지막 시계의 시각은 몇 시인지 구해 보세요.

(7시)

풀이 11시, 1시, 3시, 5시이므로 2시간씩 지나는 규칙이 있습니다.
따라서 마지막 시계가 나타내는 시각은 7시입니다.

102 103

MEMO

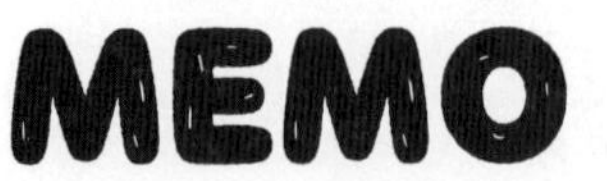
MEMO

visang
개념부터
연산까지
빠르고
정확하게!
초등수학
3·1
개념+연산
라이트
파워

대표전화 1544-0554
주소 서울특별시 구로구 디지털로33길 48 대륭포스트타워 7차 20층